居住建筑室内健康环境评价系列丛书

中国典型地区居住建筑室内健康环境状况调查研究报告（2012～2015年）

"室内健康环境表征参数及评价方法研究"课题组　编著

陈滨　主编

U0352831

中国建筑工业出版社

图书在版编目（CIP）数据

中国典型地区居住建筑室内健康环境状况调查研究报告（2012～2015年）/"室内健康环境表征参数及评价方法研究"课题组编著，陈滨主编.—北京：中国建筑工业出版社，2017.5

（居住建筑室内健康环境评价系列丛书）

ISBN 978-7-112-20300-0

Ⅰ.①中… Ⅱ.①室… ②陈… Ⅲ.①居住建筑-室内环境-影响-健康-调查报告-中国-2012-2015 Ⅳ.①X503.1

中国版本图书馆 CIP 数据核字（2017）第 010895 号

责任编辑：张文胜　齐庆梅
责任校对：王宇枢　李欣慰

居住建筑室内健康环境评价系列丛书
中国典型地区居住建筑室内健康环境状况调查研究报告（2012～2015 年）
"室内健康环境表征参数及评价方法研究"课题组　编著
陈滨　主编

*

中国建筑工业出版社出版、发行（北京海淀三里河路 9 号）
各地新华书店、建筑书店经销
北京佳捷真科技发展有限公司制版
廊坊市海涛印刷有限公司印刷

*

开本：787×1092 毫米　1/16　印张：12　字数：295 千字
2017 年 5 月第一版　2017 年 5 月第一次印刷
定价：**37.00** 元
ISBN 978-7-112-20300-0
（29742）

版权所有　翻印必究
如有印装质量问题，可寄本社退换
（邮政编码 100037）

前　言

2016 年 10 月 25 日，中共中央、国务院发布了《"健康中国 2030"规划纲要》，这是今后 15 年推进健康中国建设的行动纲领。在纲要中明确指出："健康是促进人的全面发展的必然要求，是经济社会发展的基础条件。实现国民健康长寿，是国家富强、民族振兴的重要标志，也是全国各族人民的共同愿望。"据报道，仅"十二五"期间，政府卫生支出累计额达 48554.2 亿元，卫生总费用占 GDP 比重从 2010 年的 4.89% 上升至 2015 年的 6.0%，创下了历史记录；我国每年总死亡人数 960 万人中，主要死因为慢性疾病的占 85%；慢性病患者中高血压患者超过 2 亿人，每年增加 1000 万人；糖尿病患者为 9240 万人，1.4 亿人的血糖在升高。心脑血管疾病患者超过 2 亿人，占我国每年总死亡人数的 31%。因此，如何养成良好的健康生活方式、营造健康的人居环境，成为 13 亿中国人在实现中国梦的征程中所关注的重要课题。

本系列丛书为"十二五"国家科技支撑计划课题——"室内健康环境表征参数及评价方法研究"（2012BAJ02B05）的基础研究工作和成果，丛书由《居住建筑室内健康环境评价方法》、《中国典型地区居住建筑室内健康环境状况调查研究报告》和《居住建筑室内健康环境评价原则及解析》组成，来自大连理工大学、重庆大学、上海交通大学和北京中医药大学的课题主研人员合作撰写而成。

2012 年课题立项以来，课题组成员围绕居住建筑室内健康环境"表征参数"和"评价方法"开展了大量的基础研究、文献调研和实测调查工作，并针对我国现有的标准规范、室内污染物传播特征以及人体健康状况等方面进行了综合研究分析。同时，与毒理学、公共卫生学和临床医学等领域研究人员进行了多次深入交流。重点开展了以下工作：

（1）2012 年对全国典型地区居住建筑构建方式、周边环境、居住者的日常生活习惯以及健康状况进行了问卷调查，初步了解居住室内环境状况；2014 年按照不同功能房间的主要健康风险及居住者健康状况开展了不同气候区典型城市的大样本问卷调查以及入户实测调查。

（2）以大样本问卷调查及入户实测调查数据结果为依据，构建了室内环境关联健康影响的分析模型，探讨了室内环境综合影响因素与居住者健康状况之间的关联性，进而得出了不同功能房间室内健康环境表征参数。

（3）借鉴国外既有评价标准及方法，通过综合分析国内外关于住宅健康性能评价指标、暴露风险、剂量效应等基础性的研究成果，提出了适合我国发展现状的居住室内环境健康性能评价方法，编制了《居住建筑室内健康环境评价标准》（编制草案）。

（4）基于《居住建筑室内健康环境评价标准》（编制草案），研究开发了室内健康环境实时监测和评价物联网系统，为实现居住建筑室内环境参数的大样本数据的统计分析、实时监测、健康等级评价等目标提供了强有力的可视化软件平台。

本系列丛书由大连理工大学陈滨担任主编，主要参编人员包括大连理工大学吕阳、陈宇、张雪研、周敏；上海交通大学连之伟、兰丽、张会波、张晓静；重庆大学刘红、喻伟、王晗、成镭；北京中医药大学郭霞珍、刘晓燕、许晓颖。

本书系统介绍了课题组自 2012 年至 2015 年在全国典型城市所开展的居住建筑室内健康环境状况的问卷调查和实测调查的主要成果，包括居住室内环境关联健康影响问卷调查篇、居住建筑功能房间室内环境健康性能实测调查篇以及专题研究篇三大部分，重点探讨了不同地域建筑空间布局、生活方式、周边环境、建筑室内通风、室内污染物现状等对居民健康、特别是对儿童健康的潜在影响。另外，在专题研究篇中还详细介绍了课题组针对卧室健康性能表征参数及评价方法、物联网健康室内环境数据采集及评价系统可视化平台的研究开发成果。

本书适合于从事健康建筑、室内环境质量、公共卫生等相关工作的教学科研、勘察设计、施工和运行管理人员以及业主参考使用。

《中国典型地区居住室内健康环境状况调查研究报告》各章节编写人员如下：

第 1 篇　居住室内环境关联健康影响问卷调查

第 1 章、第 2 章　陈滨　连之伟　刘红　陈宇　周敏　兰丽　成镭　王晗　张会波　张晓静　戴昌志　杨自力　刘晓东　杜晨秋

第 3 章　陈滨　陈宇

第 4 章　陈滨　陈宇　周敏　刘晓燕　张雪研

第 5 章　陈滨　陈宇

第 2 篇　居住建筑功能房间室内环境健康性能实测调查研究

第 6 章　陈滨　周敏

第 7 章、第 8 章　陈滨　刘红　连之伟　刘晓燕　周敏　陈宇　兰丽　张会波　张晓静　戴昌志　杨自力　成镭　王晗　刘晓东　杜晨秋

第 9 章、第 10 章　陈滨　周敏　陈宇

第 3 篇　专题研究

第 11 章　刘红　成镭　王晗　刘晓东　杜晨秋　李超　李永强　孔凡鑫　张春光　刘爽　张哲　畅凯　陈滨　周敏

第 12 章　刘红　成镭　王晗　刘晓东　杜晨秋　李超　李永强　孔凡鑫　张春光　刘爽　张哲　畅凯　陈滨　周敏

第 13 章　刘红　连之伟　吕阳　成镭　王晗　刘晓东　杜晨秋　李超　李永强　孔凡鑫　张春光　刘爽　张哲　畅凯

第 14 章　连之伟　兰丽　张会波　张晓静　戴昌志　杨自力

第 15 章　陈滨　周敏

本系列丛书在最终撰写定稿过程中得到了国家自然科学基金项目"寒冷地区城市居住室内环境关联健康影响表征模型研究"（51578103）的资助。

目　　录

绪论　居住环境的各种问题

　　人—建筑—自然和社会协调发展是建筑追求的目标，人类必须顺应并保护这种自然的平衡与和谐，寻求创造适于人类生存与发展的建筑环境，室内环境对居住者的影响尤为显著。在能源、环境、健康问题日益突出的今天，健康、舒适、高效、低能耗的室内环境已成为人们研究和追求的趋势与热点。

　　随着中国 20 多年快速的现代化和城镇化进程，导致了中国城市的室内外环境经历了全世界最急剧的变化，发达国家工业化时代所出现的诸如环境和健康问题在快速发展的中国重现，且暴露风险有过之而无不及。根据《中国室内环境与健康研究进展报告（2013-2014）》，我国室内外空气污染形势严峻，城市 PM10、PM2.5、臭氧、氮氧化物和硫氧化物污染水平均居世界首位。近年来，哮喘、变应性鼻炎、湿疹等疾病患病率高且呈明显上升趋势，已成为国际关注的全球性疾病。调查发现，我国城市中心脏病死亡率从 2003 年的 90 人/10 万人增加到 2009 年的 120 人/10 万人；2005～2009 年间城市肺炎死亡率从6.0 人/10 万人增加到 12.6 人/10 万人；1990～2000 年间，我国城市 14 岁以下儿童的哮喘发病率增加了 50% 以上，达到 2.0%。健康影响不再仅仅是涉及死亡风险或降低寿命，而是在更广泛的意义上影响人们的生活质量，如哮喘、慢性支气管炎、心血管疾病等一些病症的加重、睡眠障碍及注意力和交往能力的下降等。世界卫生组织在瑞士日内瓦发布了《2013 年世界卫生统计报告》，对全球 194 个国家和地区的卫生及医疗数据进行分析，包括人类预期寿命、死亡率和医疗卫生服务体系等 9 个方面。报告显示，2011 年中国人均寿命已达到 76 岁，高于同等发展水平国家，甚至高于一些欧洲国家，中国正快速步入老龄化社会，居住建筑室内环境的健康风险成为越来越受社会关注的热点问题。为此，许多国家都制定了相关的健康住宅设计标准或技术规范，但室内环境健康性能评价仍然面临着影响因素复杂、涉及多学科交叉等瓶颈问题。

　　居住建筑室内环境健康性能评价无论是对于健康住宅设计、健康生活方式引领，还是规避健康风险、及时有效地采取干预措施，都是至关重要的，然而由于影响因素复杂、涉及多学科领域，到目前为止，针对室内健康环境综合表征参数仍然缺乏系统的研究。本书基于"十二五"期间开展的全国范围居住室内环境关联健康影响大样本问卷调查和典型城市的入户实测调查所获得的大量调查数据，采用文献综述、理论建模、数理统计、云计算等方法，研究了居住建筑室内环境健康性能综合表征模型，为实现室内健康环境实时监测和评价提供了理论支撑。

第1篇 居住室内环境关联健康影响问卷调查篇

第1章 问卷调查概要

随着我国经济的发展、人民生活水平的提高和环保意识的增强，人们对自身健康问题越来越重视，以前被长期忽视的环境（室内环境及建筑周边环境）与人类健康的关系也开始受到关注。在"十一五"期间，我国针对人居环境保障技术开展了热湿环境、声环境、光环境、空气品质、各类污染物控制以及城镇住区规划等领域的研究及技术开发，形成了一批室内环境控制的标准和规范，但关于城镇居民居住环境导致的健康状况以及健康影响因素仍然缺乏相应的数据，同时也缺乏适应不同地域的室内健康环境的评价方法和标准。

笔者所在课题组自2012年至2014年先后开展了3次不同调查目的的问卷调查（见图1-1），回收有效问卷13000余份，调查区域几乎涵盖全国所有的省、自治区和直辖市。通过对庞大的调查数据的统计分析，发现我国不同气候条件下居民生活习惯、建筑形式、室内环境状况等与居民健康状况存在关联影响。

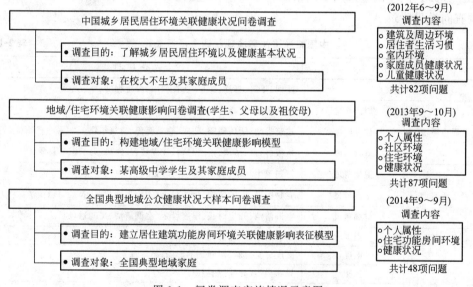

图1-1 问卷调查实施情况示意图

第2章 中国城乡居民居住环境关联健康状况的问卷调查

2.1 调查问卷的设计

作为中国城乡居住环境关联健康影响现状的调查，调查内容的设定要保证全面且合理。本次问卷调查前期，对国内外有关居住环境的标准规范，健康居住环境评估方法，已经开展的相关调查进行文献综述，建立问卷库，问卷库共包括居住者属性、室外环境、建筑属性、室内设备、生活方式、室内环境、健康状况、改善意愿以及儿童健康状况几个方面，结合中国居住环境现状，从中选择部分问题作为中国城乡居住环境现状的调查内容。

研究采用的问卷共包括 48 个问题，涉及建筑形式、居民生活习惯、室内环境和健康状况四个方面。问卷调查采用了网络调查和纸质问卷调查两种方式。调查项目如表 2-1 所示，调查问卷见附录 A。

中国城乡居住环境现状调查项目表 表 2-1

调查内容的分类		调 查 项 目
调查对象属性		性别、年龄、身高、体重、所在城市、教育程度、职业
建筑及周边环境	周边环境	所处区域、交通状况、室外污染状况、绿化水体
	建筑属性	建筑类型、所居楼层、朝向、建筑面积、建筑年代
	室内环境	地板、门窗、吊顶、内墙材料，控温装置、通风形式、家具材质
居住者生活习惯	卫生清理	打扫卫生频率、清扫工具、垃圾处理、杀虫剂类型
	生活习惯	宠物饲养、室内植物、做饭排烟状况、吸烟状况、衣被晾晒换洗
	空调通风	空调清洁、开启时长、温度设定、空调清洁、房间通风状况
居住者感受	温度	室温满意度、冬夏热感觉，温差
	湿度	湿度感觉、潮湿对睡眠的影响、结露现象
	异味	异味类型、异味感觉
	光和噪声	光照时长、夜光对睡眠的影响、噪音干扰、噪音来源
	其他	对PM2.5的了解及改善措施，室内是否会经常出现老鼠或昆虫、居住者对空气质量满意度
家庭成员健康状况	患病情况	心脑血管类疾病、呼吸道类疾病、消化道疾病、风湿类疾病、皮肤病、癌症、代谢障碍类疾病
	SBS状况	SBS症状、症状状况、改善措施、住户改善意愿
儿童健康状况	过敏症状	接触动物过敏、花粉过敏、花粉症或过敏性鼻炎、食物过敏
	呼吸道症状	呼吸道刺激反应、哮喘、肺炎、感冒、感冒频率及持续时长
	皮肤病症状	耳炎、皮肤瘙痒、湿疹、湿疹状况
	其他	接受抗生素状况

2.2　调查对象

大连理工大学、上海交通大学、重庆大学和北京中医药大学组成的课题组共计回收有效问卷 2471 份，遍布全国所有省、自治区和直辖市，如表 2-2 所示。

中国城乡居住环境现状调查对象分布　　　　表 2-2

气候分区	具体地点	回收有效问卷(份)
严寒及寒冷地区	甘肃(47)、内蒙古(10)、黑龙江(29)、吉林(13)新疆(8)、宁夏(12)、陕西(102)、山西(4)、北京(256)、辽宁(260)、天津(17)、河北(56)、山东(210)、河南(45)、四川(77)、西藏(3)	1149
温和地区	云南(73)	73
夏热冬冷地区	重庆(113)、江苏(13)、上海(783)、安徽(32)、浙江(17)、江西(10)、福建(3)、湖北(41)、湖南(36)、贵州(63)	1111
夏热冬暖地区	广东(121)、海南(4)、广西(13)	138

2.3　样本属性、建筑及其周边环境

1. 样本属性与气候分区

从性别分布上看，除了严寒与夏热冬暖地区外，其余地区调查对象中男女比例较为接近。从年龄分布上看，各个地区调查对象主要集中在 25 岁以下。从身高分布上看，大部分调查对象身高范围为 161~180cm，夏热冬冷地区 160cm 以下调查对象相对偏多。从体重分布上看，绝大部分调查对象体重处于 46~75kg。从教育程度分布上看，大部分调查对象学历为本科，其次为高中（或以下），其余比例相对偏低（见表 2-3）。

样本属性 VS 气候分区　　　　表 2-3

调查项目		严寒地区(%) N=116 数量	寒冷地区(%) N=544 数量	夏热冬冷地区(%)N=1248 数量	温和地区(%) N=116 数量	夏热冬暖地区(%)N=136 数量
性别	女生	42	245	581	56	49
	男生	74	296	636	46	12
年龄	≤25	75	328	419	65	111
	26~35	9	57	257	18	8
	36~45	11	92	324	14	10
	46~55	19	45	44	3	6
	≥56	2	10	12	3	2
身高(cm)	≤160	15	89	415	31	20
	161~170	45	204	449	38	48
	171~180	43	204	289	31	54
	181~190	13	33	30	2	12
	≥191	0	3	6	0	2

调查项目		严寒地区(%) N=116			寒冷地区(%) N=544			夏热冬冷地区 (%)N=1248			温和地区(%) N=116			夏热冬暖地区 (%)N=136		
		数量	0	100	数量	0	100	数量	0	100	数量	0	100	数量	0	100
体重 (kg)	≤45	6			19			144			5			7		
	46～55	27			125			394			45			28		
	56～65	34			177			323			32			57		
	66～75	28			124			213			11			31		
	≥76	19			81			97			6			12		
教育 程度	博士及以上	0			11			95			1			2		
	硕士	8			9			128			0			6		
	本科	82			354			613			74			72		
	高中及以下	23			124			308			25			27		

2. 建筑周边环境与气候分区

从建筑位置分布看，绝大部分建筑位于居民区。从过往车辆密度分布看，仅温和地区平时堵车较为严重，其余地区上下班时段堵车，甚至很少堵车。从外部污染设施分布上看，建筑主要处于无明显污染区以及喧杂的街道，其次为商业区，其余比例较少。从周围绿化、水体情况分布上看，建筑周围大部分是草坪、树木，其余情况所占比例偏低（见表 2-4）。

建筑周边环境 VS 气候分区 表 2-4

调查项目		严寒地区(%) N=116			寒冷地区(%) N=544			夏热冬冷地区 (%)N=1248			温和地区(%) N=116			夏热冬暖地区 (%)N=136		
		数量	0	100	数量	0	100	数量	0	100	数量	0	100	数量	0	100
建筑 位置	居民区	81			369			1012			69			82		
	商业区	9			53			68			6			10		
	工业区	4			21			30			0			13		
	农业区	20			63			66			11			18		
	其他	2			32			49			15			7		
过往 车辆密度	峰期平时堵车	19			133			154			26			18		
	近高峰期堵车	49			251			666			34			65		
	不堵车	45			126			327			14			52		
外部污染 设施	污染的水源	9			53			85			12			23		
	垃圾场	8			27			79			4			12		
	高污染工厂	3			20			82			2			10		
	喧杂的街道	30			165			314			33			41		
	商业区	7			48			144			23			28		
	无明显污染源	55			223			585			35			58		
周围绿化 水体状况	大面积草、树	37			183			511			37			59		
	少量草坪、树木	63			275			615			57			63		
	城市水体	4			33			134			9			24		
	小区水体	6			44			128			9			13		
	几乎没有	6			41			73			9			10		

3. 建筑属性 VS 气候分区

从建筑类型分布上看，调查对象主要集中在多层建筑，其次为中高层以及低层建筑，别墅较少。从主要房间朝向分布看，西向房间居于多数，其次为南向。从建筑面积分布上看，主要集中在 $76\sim100\mathrm{m}^2$。从建筑年代分布上看，大部分建筑的建设年代都是 20 世纪 90 年代以后（见表 2-5）。

建筑属性 VS 气候分区　　　　　　　　　　　表 2-5

调查项目		严寒地区(%) N=116 数量 / 0-100	寒冷地区(%) N=544 数量 / 0-100	夏热冬冷地区(%)N=1248 数量 / 0-100	温和地区(%) N=116 数量 / 0-100	夏热冬暖地区(%)N=136 数量 / 0-100
建筑类型	别墅	4	20	46	2	9
	低层(1~3层)	23	127	151	17	29
	多层(4~6层)	50	240	727	45	30
	中高层(7~9层)	23	62	97	24	37
	高层(10~30层)	12	70	200	14	37
	其他	3	19	21	0	1
主要房间朝向	东	13	64	99	24	23
	南	11	117	91	26	13
	西	80	278	891	23	62
	北	9	49	142	12	28
	其他	1	10	9	0	4
建筑面积	≤40m²	1	25	126	15	17
	41~60m²	9	35	86	9	21
	61~75m²	21	94	91	10	13
	76~100m²	30	155	364	23	26
	101~150m²	40	156	448	34	31
	≥150m²	14	73	115	11	26
建筑年代	1980 年以前	9	17	28	1	7
	1980~1990 年	12	63	99	11	8
	1991~2000 年	28	148	299	31	34
	2001~2005 年	25	139	458	34	31
	2006 年至今	36	146	273	27	41

4. 建筑内部构件 VS 气候分区

从地板类型分布上看，瓷砖地板居于多数，其次为实木地板，然后是强化木地板，其余所占比例较少。从门的类型分布上看，主要为实木门，其次为人造板，其余类型所占比例较少。从窗的类型分布看，主要类型为铝合金和塑钢，木制类型比例偏低。从吊顶类型的分布上看，大部分建筑局部吊顶或未做吊顶，全部吊顶偏少（见表 2-6）。

5. 内部设备 VS 气候分区

从换气口分布情况来看，大部分换气口位于卫生间，其次为厨房，卧室偏少。从新购家具材质类型分布上看，主要为板木结合，其次为实木喷漆以及人造板。从夏季降温装置的类型上看，空调及电风扇占据较大比例。从冬季供暖装置的类型上看，空调及地板供暖居于多数，其次为电暖气，其余类型所占比例较少。从通风换气的类型上看，主要为自然通风，机械通风所占比例较低（见表 2-7）。

建筑内部构件 VS 气候分区　　　　表 2-6

调查项目		严寒地区(%) N=116 数量	寒冷地区(%) N=544 数量	夏热冬冷地区 (%)N=1248 数量	温和地区(%) N=116 数量	夏热冬暖地区 (%)N=136 数量
地板	实木地板	41	142	629	21	20
	强化木地板	27	84	221	19	12
	竹地板	5	19	12	2	8
	瓷砖	31	229	353	56	83
	水泥地板	3	38	60	8	19
	塑料地板	2	8	19	0	1
	化纤地板	0	3	4	0	0
	纯毛地板	0	2	2	0	0
	麻毛地板	1	9	3	0	1
	不知道	0	9	36	3	2
门	实木	59	240	600	44	45
	人造板	19	122	288	23	23
	塑钢	12	60	114	5	21
	铝合金	8	51	82	14	34
	不清楚	13	61	148	13	15
	其他材料	4	5	22	0	3
窗	木制	9	36	74	7	5
	铝合金	25	131	500	52	62
	塑钢	38	136	350	11	24
	其他	1	20	30	7	7
内墙	水性涂料	30	127	412	24	27
	有机溶剂型涂料	18	141	156	14	72
	不清楚	6	246	580	58	10
	其他涂料	6	23	53	0	
吊顶	全部吊顶	13	102	153	12	14
	局部吊顶	58	211	571	48	51
	未做吊顶	47	223	481	40	69

内部设备 VS 气候分区　　　　表 2-7

调查项目		严寒地区(%) N=116 数量	寒冷地区(%) N=544 数量	夏热冬冷地区 (%)N=1248 数量	温和地区(%) N=116 数量	夏热冬暖地区 (%)N=136 数量
换气口	厨房	72	300	776	55	67
	卧室	45	170	403	33	47
	卫生间	83	343	951	76	91
	其他	1	0	0	0	0
新购家具材质	实木喷漆	32	143	479	34	41
	人造板	27	131	233	23	29
	石材	1	42	46	4	9
	板木结合	2	152	470	33	27
	其他	40	67	94	19	29
夏季降温装置	空调	34	275	1047	33	92
	电风扇	61	265	704	57	75
	其他	0	16	12	10	3

续表

调查项目		严寒地区(%) N=116			寒冷地区(%) N=544			夏热冬冷地区 (%)N=1248			温和地区(%) N=116			夏热冬暖地区 (%)N=136		
		数量	0	100	数量	0	100	数量	0	100	数量	0	100	数量	0	100
冬季采暖装置	空调	11			123			836			30			36		
	地板供暖	38			153			61			4			12		
	散热器	19			116			60			9			3		
	电热膜	5			6			18			4			2		
	电暖气	23			109			373			30			32		
	其他	1			0			0						0		
主要换气方式	自然通风	96			454			1081			93			111		
	机械通风	5			31			55			4			13		
	混合通风	13			55			154			2			17		

2.4　生活习惯

本书研究的居住环境不仅仅是指建筑物理环境，还包括由居民行为方式决定的环境。因此，针对居住者生活习惯也进行了详尽的调查。结果表明，在日常生活中，绝大部分被调查者卫生习惯良好，平均每天处理一次垃圾，每周至少进行一次大扫除，每半月至少清洗一次床上用品。80％的人没有饲养宠物，64％的人在室内摆放植物，66％的家庭不会在室内吸烟。

1. 生活习惯行为与气候分区（见表 2-8）

生活习惯行为与气候分区　　　　　　　　　　　　　表 2-8

调查项目		严寒地区(%) N=116			寒冷地区(%) N=544			夏热冬冷地区 (%)N=1248			温和地区(%) N=116			夏热冬暖地区 (%)N=136		
		数量	0	100	数量	0	100	数量	0	100	数量	0	100	数量	0	100
全面室内卫生打扫	2次及更多/天	11			53			65			7			10		
	1次/天	32			165			263			20			21		
	1次/2～3天	32			135			330			25			30		
	1次/4～7天	27			87			387			29			36		
	1次/大于一周	11			84			174			18			34		
垃圾处理	2次及更多/天	19			88			183			15			27		
	1次/天	67			297			803			49			62		
	1次/2～3天	18			101			190			26			30		
	1次/4～7天	6			21			34			6			9		
	1次/大于一周	3			25			15			1			7		
每天使用电脑时长	≥6h	42			126			464			26			40		
	3～6h	40			181			337			31			48		
	≤3h	30			168			354			29			32		
	从不上网	11			47			55			8			14		

续表

调查项目		严寒地区(%) N=116		寒冷地区(%) N=544		夏热冬冷地区 (%)N=1248		温和地区(%) N=116		夏热冬暖地区 (%)N=136	
		数量	0 100	数量	0 100	数量	0 100	数量	0 100	数量	0 100
枕巾被单换洗频率	每周一次	17		105		219		16		21	
	每半个月至少1次	67		287		672		53		52	
	每月小于1次	29		141		228		29		61	
衣服晾晒频率	经常	37		168		744		39		43	
	一般	30		204		331		33		46	
	偶尔	43		132		141		21		38	
	没晒过	6		35		15		4		4	

2. 通风换气、空调与气候分区（见表2-9）

通风换气、空调与气候分区　　　　表2-9

调查项目		严寒地区(%) N=116		寒冷地区(%) N=544		夏热冬冷地区 (%)N=1248		温和地区(%) N=116		夏热冬暖地区 (%)N=136	
		数量	0 100	数量	0 100	数量	0 100	数量	0 100	数量	0 100
空调清洁频率	换季开始使用时	23		172		766		22		56	
	几年一次	29		151		264		18		35	
	从不	28		140		138		39		31	
空调每天开启时长	≥3h	58		299		856		55		89	
	1h左右	25		123		174		14		20	
	很少开	18		73		151		16		18	
在家开窗频率	经常	86		329		1019		86		102	
	根据需要	20		131		154		6		23	
	很少	7		36		18		3		7	
夏季空调温度设定	≤26℃	42		217		345		37		56	
	26~28℃	16		178		719		19		55	
	≥28℃	6		24		58		2		6	
冬季空调温度设定	≤18℃	11		67		133		11		12	
	18~23℃	22		177		460		23		37	
	≥23℃	8		103		276		17		33	
淋浴时打开换气孔	是,始终	36		142		478		28		79	
	是,有时	52		268		551		43		41	
	否,不开放	25		114		186		25		13	

3. 生活用品与气候分区（见表 2-10）

生活用品与气候分区　　　　　　　　　　　　　　　表 2-10

调查项目		严寒地区（%）N＝116		寒冷地区（%）N＝544		夏热冬冷地区（%）N＝1248		温和地区（%）N＝116		夏热冬暖地区（%）N＝136	
		数量	0　　100	数量	0　　100	数量	0　　100	数量	0　　100	数量	0　　100
清扫工具	除尘器	11		60		194		12		15	
	拖把	68		337		963		76		89	
	扫帚	57		281		684		72		90	
	清洁剂	16		66		232		16		37	
		0		2		34				0	
杀虫剂类型	除虫	22		165		263		21		23	
	灭蟑	15		92		359		17		40	
	杀鼠	4		200		56		2		6	
		0				26		0		0	
此类产品使用	空气清新剂	36		165		258		18		53	
	香水、固发剂	17		92		197		15		34	
	蚊香（夏季）	29		200		626		45		50	
室内宠物	狗	16		90		117		15		24	
	猫	13		33		53		7		9	
	鸟	3		40		30		2		3	
	其他动物	8		25		104		5		12	
	无	0		228		834		13		90	

2.5　居民健康状况

　　问卷对不同年龄段的家庭成员的健康状况分别进行了调查，涵盖了当前人群中患病率较高的疾病，如心脑血管疾病、呼吸道疾病、消化道疾病、风湿类疾病、皮肤病、癌症、代谢障碍类疾病，其中心脑血管疾病、癌症、代谢障碍类疾病统称为慢性非传染性疾病，简称慢性病。结果如图 2-1 所示，老年人群的慢性病患病率高达 75%，其中心脑血管疾病

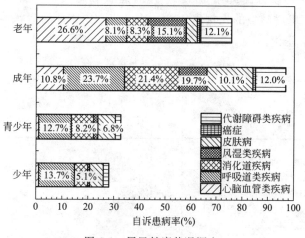

图 2-1　居民健康状况调查

患病率最高；中年人群患病率最高的是呼吸道疾病和消化道疾病；青少年和儿童的患病比例最高的均为呼吸道疾病；青少年的各项患病率最低，健康状况最好。

2.6 儿童健康状况调查

针对儿童健康状况，进行了更加详细的调查，主要关注呼吸性疾病、过敏性疾病、湿疹等常见病症，结果如表 2-11 所示。可以看到，儿童湿疹和鼻炎的近期自诉患病率最高，为 70% 和 62%。其次患病率较高的为肺炎，为 30%。哮喘和湿疹的自诉患病率分别为 21% 和 16%。

儿童健康状况调查 表 2-11

疾病种类	具体疾病/症状	调查例数	患病个数	自诉患病率（%）
呼吸性疾病	喘息症状（曾经）	1636	420	26%
	喘息症状（近 12 个月）	749	132	18%
	诊断哮喘	813	171	21%
	诊断哮吼	759	60	8%
	夜间干咳	765	129	17%
	诊断肺炎	740	220	30%
过敏性疾病	鼻炎症状（曾经）	1948	1216	62%
	鼻炎症状（近 12 个月）	813	171	21%
	诊断过敏症	733	111	15%
	动物过敏（近 12 个月）	759	60	8%
	花粉过敏（近 12 个月）	770	115	15%
湿疹	湿疹症状（曾经）	270	189	70%
	湿疹症状（近 12 个月）	773	120	16%
	湿疹影响睡眠（近 12 个月）	719	43	6%

通过对全国不同气候区的儿童近 12 个月的症状和患过的病症进行对比，结果见表 2-12，发现其中儿童患过肺炎的比例占 40%，且在近 12 个月的症状均表明较多儿童有无感冒时打喷嚏、鼻塞症状。

儿童近 12 个月症状和患过的病症对比 表 2-12

调查项目		症状比例（%）N＝629	
	数量	0	100
近 12 个月症状	夜晚干咳超过两周	129	
	无感冒时打喷嚏、鼻塞	171	
	接触动物刺激性反应	60	
	接触植物花粉刺激性反应	115	
	患过湿疹	120	

续表

调查项目		症状比例（%）N=629		
		数量	0	100
患过病症	哮喘	89		
	哮吼	54		
	肺炎	220		
	花粉过敏症或鼻炎	110		
	皮肤瘙痒	68		

对不同年龄段的儿童症状进行对比分析，表明＞4 岁的儿童在没有感冒时打喷嚏的比例最高，达到了 50%（见表 2-13）。

不同年龄段儿童症状　　　　　　　表 2-13

调查项目		呼吸困难,发出哮鸣声		没有感冒时打喷嚏、鼻塞		皮肤瘙痒(湿疹)＞6 个月	
		数量	0 100	数量	0 100	数量	0 100
症状年龄段	是,＜1 岁时	36		76		77	
	是,1～2 岁时	67		112		75	
	是,3～4 岁时	50		116		37	
	是,＞4 岁时	57		304		81	

2.7　居住环境与居民健康的关联性

2.7.1　SBS 与居住环境的关联分析

基于 2012 年中国城乡居民居住环境关联健康状况的调查数据，将调查问卷结果分为健康住宅和 SBS 住宅进行分析，其样本数量为 629 份。

1. SBS 住宅与建筑外部环境（%）N=629

我国不同气候区的 SBS 住宅与建筑外部环境分布情况见图 2-2。从建筑位置来看，SBS 住宅较多地分布在农业区。从附近污染源分析，SBS 住宅附近比健康住宅有较多的污染水源、垃圾场等。从绿化水体来看，SBS 住宅附近有较少的大面积草坪，较多的小区几乎没有绿化。

2. SBS 住宅与建筑类型（%）N=629

SBS 住宅在各个建筑类型中均存在，在南向和西向的房间中出现频率较高。在 60～75m² 和≥150m² 的建筑中出现 SBS 的症状的住宅是一般住宅的 4 倍。在 1991～2000 年建造的建筑中易出现 SBS 症状（见图 2-3）。

3. SBS 住宅与建筑内部装修材料（%）N=629

相对于其他内部装饰材料的建筑，出现 SBS 症状的建筑地板材料多为强化木与纯毛材

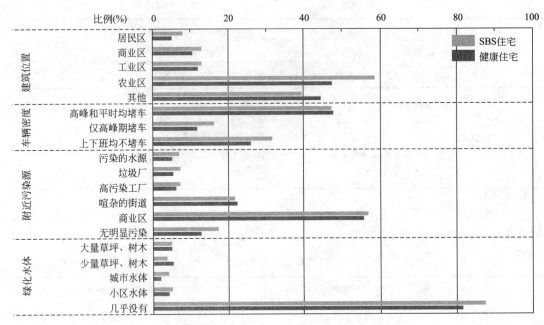

图 2-2　SBS VS 建筑外部环境

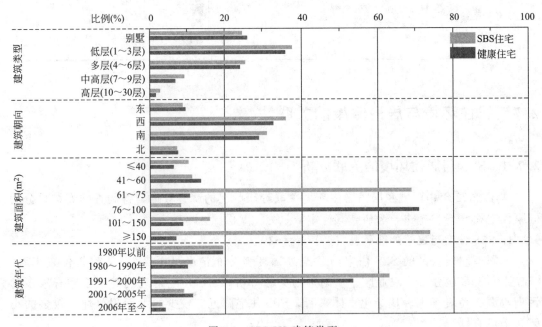

图 2-3　SBS VS 建筑类型

料，门的材料多为人造板和塑钢，窗户的材料多为铝合金，家具的材料多为人造板和板木结合。（见图 2-4）。

4. SBS 住宅与生活方式（%）N＝629

SBS 住宅与生活方式关联情况的调查结果见图 2-5。SBS 住宅和健康住宅全面打扫室内卫生、垃圾处理、枕巾被单换洗频率等基本一致，无明显的差异性。

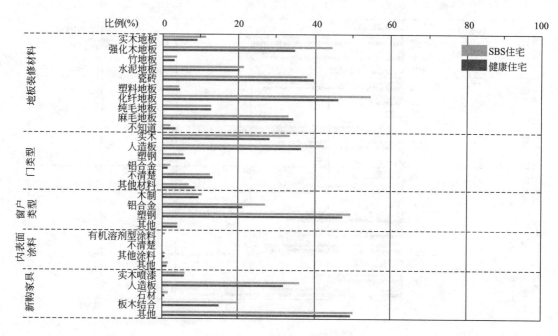

图 2-4　SBS VS 建筑内部装修材料

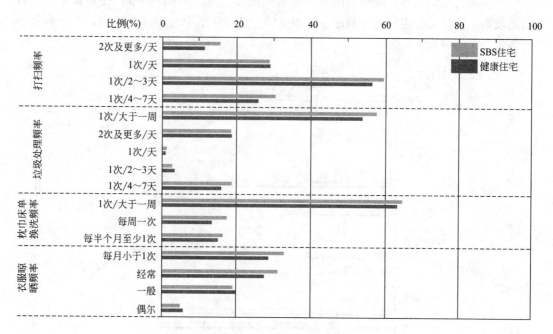

图 2-5　SBS VS 生活方式

5. SBS 住宅与空调状况（％） $N=629$

　　SBS 住宅与空调状况关联情况的调查结果见图 2-6。SBS 住宅中空调的开启时长和健康住宅基本相同，图 2-6 表明健康住宅中夏季空调室温≥28℃的住户比 SBS 住宅多 40％。冬季，对于室温高于 23℃ 的住宅而言，SBS 住宅数量比健康住宅多 5％。

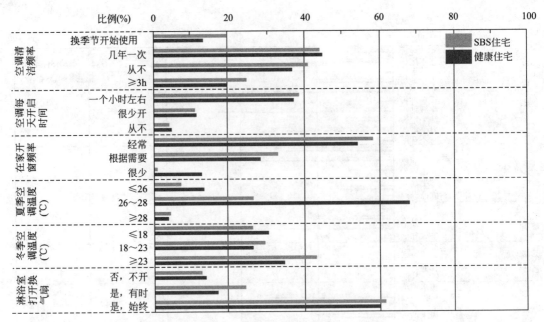

图 2-6　SBS VS 空调状况

6. SBS 住宅与生活物品（%）*N*＝629

SBS 住宅与生活物品关联情况的调查结果见图 2-7。在 SBS 住宅中，使用拖把和扫帚的频率较高，比健康住宅室内盆栽的住户少 5%。SBS 住宅中易养一些宠物，其中狗和猫比健康住宅中占得较大。

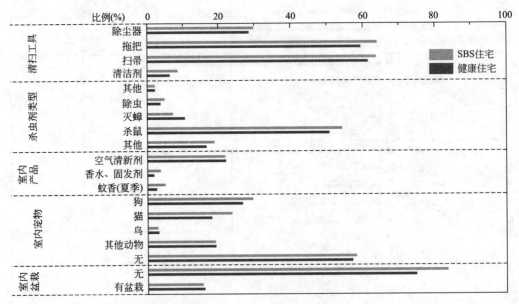

图 2-7　SBS VS 生活物品

2.7.2　居住环境与居民健康关联性

上海交通大学课题组研究调查了与居民健康相关的 13 项生活习惯和环境因素，分别为打扫卫生频次、垃圾处理频次、室内是否放置植物、床上用品更换频次、晾晒衣物频次、室内吸烟与否、电脑使用情况、空调季开窗情况、室内油烟情况、室内潮湿情况、室内有无异味、室内灰尘情况、日照是否充足，结果如表 2-14 所示。其中，OR 值（Odds Ratio，即优势比）大于 1 代表自变量是应变量的危险因素，自变量每增加一个单位，患病率相应增加 $100 \times (OR-1)\%$。在这 13 项因素中，与居民慢性病患病率显著相关的是床上用品更换频次和室内吸烟与否，与居民呼吸道疾病患病率显著相关的是垃圾处理频次，与皮肤病患病率显著相关的是打扫卫生频次、室内油烟情况、室内潮湿情况和室内有无异味。未发现对消化道类疾病和风湿类疾病具有显著影响的因素。

居住环境与居民健康关联性分析结果（单变量 Logistic 回归分析） 表 2-14

项　　目	OR 值（95％置信区间）		
	慢性病	呼吸道疾病	皮肤病
打扫卫生	0.743(0.532,1.038)	0.868(0.611,1.233)	**0.714(0.522,0.978)**
垃圾处理频次	0.802(0.614,1.047)	**0.756(0.572,0.998)**	0.998(0.775,1.286)
床上用品更换	**0.751(0.575,0.981)**	0.897(0.679,1.186)	0.958(0.747,1.229)
吸烟	**1.499(1.039,2.163)**	0.973(0.669,1.415)	1.061(0.759,1.483)
油烟	0.777(0.577,1.046)	1.167(0.852,1.599)	**1.455(1.096,1.932)**
潮湿感	1.487(0.867,2.550)	1.400(0.792,2.475)	**1.838(1.132,2.985)**
异味	1.025(0.731,1.437)	0.957(0.670,1.368)	**1.422(1.033,1.957)**

注：黑体数值代表 $P < 0.05$。

将单变量分析中 $P < 0.5$ 的因素引入 Logistic 回归方程，进行多变量 logistic 回归分析，结果如表 2-14 所示。经常更换床上用品可使慢性病患病率降低 25％，而室内吸烟则会使患病率增加 50.2％。对于皮肤病，经常打扫卫生可降低 25.9％的患病率，而室内潮湿、油烟、异味问题可分别使患病率增加 71.2％、35.7％和 34.5％。由表 2-15 可以看出，经常处理垃圾可降低呼吸道疾病的患病率。

居住环境与居民健康关联性分析结果（多变量 Logistic 回归分析） 表 2-15

变量		β	P	$OR = \exp(\beta)$	95％CI
慢性病	床上用品更换	−0.287	0.035	0.750	0.574～0.980
	吸烟	0.407	0.030	1.502	1.040～2.170
皮肤病	打扫卫生	−0.300	0.065	0.741	0.539～1.018
	油烟	0.305	0.038	1.357	1.017～1.809
	潮湿感	0.538	0.032	1.712	1.048～2.796
	异味	0.296	0.074	1.345	0.972～1.861

同样地，对儿童健康与居住环境的关联性进行了分析，如图 2-8 所示。住宅内油烟过多、灰尘过多均是儿童呼吸性疾病的危险因素，灰尘过多是儿童过敏性疾病的危险因素，而住宅内油烟过多、存在潮湿问题则是儿童湿疹的危险因素，其他因素未发现显著性影响。表 2-16 给出进一步的多变量分析结果，可以看出，灰尘过多使儿童呼吸性疾病、过敏症、湿疹的患病率分别增加 38.1％、51.6％和 50.5％。在灰尘状况相同的前提下，油

烟过多会使儿童呼吸性疾病患病率增加 43.4％，存在潮湿问题会使儿童湿疹患病率增加 70.4％。

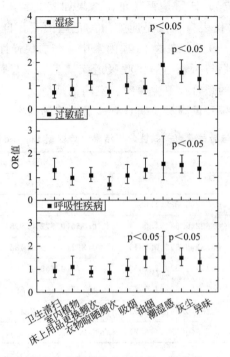

图 2-8　居住环境与儿童健康关联性分析结果（单变量 Logistic 回归分析）

居住环境与儿童健康关联性分析结果（多变量 Logistic 回归分析）　　表 2-16

变量		β	P	OR＝exp(β)	95％CI
呼吸性疾病	灰尘	0.323	0.007	1.381	1.091～1.749
	油烟	0.360	0.016	1.434	1.070～1.922
湿疹	灰尘	0.409	0.010	1.505	1.103～2.052
	潮湿感	0.056	0.050	1.744	1.001～3.048

重庆大学课题组调查发现，重庆、西安和兰州三地呼吸道疾病患病率最高，明显高于其余地方，这可能与重庆太潮湿，而西安、兰州太干燥有关。可见，适宜的湿度对人体健康影响非常大。呼吸系统疾病以青年和成年人较多，采用单因素 Logistic 回归对引起呼吸系统疾病的因素进行分析，发现在所选取的因素中有 12 个与呼吸疾病显著相关（见表 2-17）。

室内环境单因素 Logistic 回归分析结果　　表 2-17

因素	β	标准误差	Wald 值	P	OR	95％CI
打扫室内卫生	1.034	0.211	23.904	0.000	0.356	0.235～0.538
使用空气清洗剂	−0.638	0.242	6.932	0.008	0.528	0.328～0.849
做饭且排烟效果差	0.706	0.208	11.555	0.001	2.025	1.348～3.043
吸烟	0.472	0.222	4.509	0.034	1.602	1.037～2.476
空气净化设备净化剂	−0.977	0.316	9.579	0.002	0.376	0.203～0.699

因素	β	标准误差	Wald 值	P	OR	95%CI
通风	0.517	0.221	5.457	0.019	1.678	1.087~2.589
每天使用电脑时间	1.162	0.243	22.902	0.000	3.196	1.986~5.144
感到房间潮湿	0.583	0.259	5.067	0.024	1.791	1.078~2.976
窗户有结露	0.622	0.239	6.797	0.009	1.863	1.167~2.975
有烟草燃烧味	1.071	0.374	8.218	0.004	2.918	1.403~6.067
有发霉味	10.057	0.348	9.230	0.002	2.877	1.455~5.688
房间日照时间	0.522	0.214	5.935	0.015	1.685	1.107~2.564

在单因素分析的基础上筛选出有统计学意义的 7 个因素，采用逐步后退法进行多因素非条件 Logistic 回归分析。结果显示，屋内有人吸烟、每天使用电脑时间以及室内存在发霉情况仍与呼吸系统疾病相关联（见表 2-18）。

多因素 Logistic 回归分析结果　　　　　　　　　　　　　表 2-18

因素	β	标准误差	Wald 值	P	OR	95%CI
打扫室内卫生	−0.926	0.236	15.356	0.000	0.396	0.249~0.629
使用空气清洗剂	−0.732	0.280	6.834	0.009	0.481	0.278~0.833
做饭且排烟效果差	0.608	0.237	6.557	0.010	1.837	1.153~2.925
每天使用电脑时间	1.205	0.274	19.379	0.000	3.336	1.951~5.703
窗户有结露	0.622	0.239	6.797	0.009	1.863	1.167~2.975
有烟草燃烧味	1.295	0.421	9.475	0.002	3.652	1.601~8.332
有发霉味	0.912	0.387	5.546	0.019	2.490	1.165~5.320
房间日照时间	0.688	0.251	7.509	0.006	1.991	1.217~3.257

大连理工大学课题组调查发现，随着年龄的增长，患病率逐渐增大，儿童和青少年主要是呼吸道类疾病和消化道类疾病，成年人和老年人则是各类疾病都有分布，成年人和老年人的高血压、青少年和成年人的鼻炎和过敏性鼻炎发生频率较高，调查结果见表 2-19。

不同年龄段人群患病率　　　　　　　　　　　　　表 2-19

调查项目		儿童（%）			青少年（%）			成年（%）			老年（%）		
		数量	0　10　15		数量	0　10　15		数量	0　10　15		数量	0　10　15	
心脑血管类疾病	心绞痛	0			0			2			9		
	心梗	0			0			4			18		
	脑血管意外	1			1			7			20		
	冠心病	2			4			6			19		
	高血压	5			5			65			101		
呼吸道类疾病	上呼吸道感染	9			14			15			8		
	哮喘	1			0			7			17		
	鼻炎过敏性鼻炎	8			82			57			7		
	肺炎	8			10			10			15		
	咽炎	9			20			35			19		

续表

调查项目		儿童(%)		青少年(%)		成年(%)		老年(%)	
		数量	0　10　15	数量	0　10　15	数量	0　10　15	数量	0　10　15
消化道类疾病	胆囊炎	0		2		19		16	
	肝炎	1		3		7		8	
	便秘	1		20		34		24	
	腹泻	18		36		34		8	
	胃痛	10		33		47		13	
风湿类疾病	产后风湿	2		2		4		3	
	痛风病	1		2		16		8	
	类风湿关节炎	0		9		20		23	
	风湿性关节炎	4		3		42		50	
皮肤病	皮炎	2		9		22		6	
	手足癣、体癣	1		22		31		10	
	痤疮	3		17		8		4	
	湿疹	9		18		16		3	
代谢障碍类疾病	甲亢	0		0		8		7	
	高血脂	1		1		26		7	
	肥胖	1		16		29		7	
	糖尿病	1		5		13		51	

第3章 地域/住宅环境关联健康影响的问卷调查

3.1 调查问卷目的及内容

为建立居住环境关联健康影响模型，设计了面向学生、父母以及祖父母3种类型的调查问卷，并于2013年9月由大连理工大学课题组针对大连市某高中500多户家庭进行了调查，被调查人数为810人，问卷回收率为100%。问卷发放及回收日期为2013年9月5～10日。调查内容主要包括地域环境、住宅环境和健康状况3大类。地域环境主要包括自然环境、室外环境、住区发展原则、安全以及防灾等。住宅环境涉及起居室/客厅、卧室、厨房、浴室/更衣室/洗漱间、厕所以及玄关等环境。健康状况包括生理健康、心理健康与社会健康等14个问题。

3.2 分析方法概要

为使研究结果具有较高可靠性及科学性，在分析地域/住宅环境与居民健康之间关系时，主要利用了重要度·满意度分析、logistic回归分析两种统计分析方法，以下对这两种方法进行介绍。

3.2.1 重要度·满意度分析

重要度·满意度主要采用四分图分析。四分图又称为重要因素推导模型，通过问卷中居住者对居住环境中不同因素的重要度和满意度评价，将这些因素分为A、B、C、D四个部分，其中A为重点讨论项目，重要度低，满意度高，应从维持现状或优化资源分配方面考虑；B为促进项目，重要度高，满意度高，应继续保持和发扬；C为关注项目，重要度低，满意度低，该部分指标不重要，也不是现在急需解决的问题，但存在改善空间；D为维持现状项目，重要度高，但实际情况较差，满意度低，这是需要重点关注的区域，应对该区域指标进行优先改进。四个项目的存在意义如图3-1所示，四分图分析方法为评价指标体系的建立提供参考依据。

满意度和重要度的统计公式如下：

$$重要度(满意度) = \sum_{i=1}^{k} x_i \alpha_i \Big/ \sum_{i=1}^{k} x_i$$

式中　x_i——调查人数中选取某等级的人数；

　　　a_i——某等级的得分值；

　　　k——调查中所分等级数。

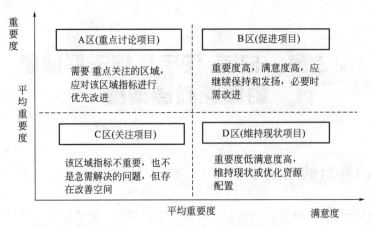

图 3-1　四分图四个区的意义

同时，对不同因素的数据进行 R 型聚类分析，以便更精确地对不同因素进行归类，确定不同因素在 A、B、C、D 四个区的分布情况，聚类分析采用的最小重心法，公式如下：

$$d(x,y) = \sum_i (x_i - y_i)^2$$

式中　x——满意度选项；

　　　y——重要度选项；

　　　i——不同因素的代码。

3.2.2　logistic 回归分析方法

logistic 回归分析法是一种分析自变量与因变量变化比例关系的方法，通过收集一定量的样本数据，寻找逻辑规律，确立各变量之间的关系式，识别变量显著性，并且可通过已知变量数值预测和控制其他变量。回归分析方法不仅可以考虑多种因素对因变量的影响，而且模型形式简单，易于计算，但该方法要求自变量对因变量的影响是线性。此外，若选取变量过少，信息覆盖不全面现象容易发生，影响预测结果的合理性；若选取变量过多，会增加数据处理难度，产生多种共线性的问题。

3.3　地域/住宅环境关联健康影响分析

3.3.1　重要度·满意度分析

此次调查居住者对居住环境的主观反映，采用的是主观满意度的评价，这也是目前居住环境评估中用到的较多的评价方法。与我国居住环境非常相似的日本也多用到满意度评价模型来进行居住环境的评价方法构建。

聚类分析是通过软件 SPSS 实现，由聚类分析得出的树状图，最终得出整体聚类结果。下面以问卷中有关社区环境中不同因素的父母的满意度和重要度评价为例，进行聚类分析方法的演示，其对应结果如图 3-2 所示。

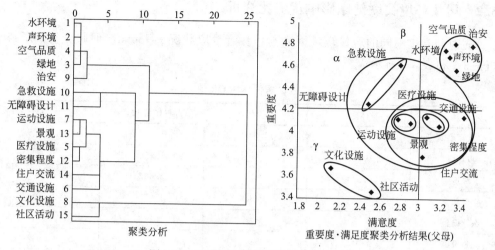

图 3-2　重要度和满意度聚类分析结果

同理，通过这个方法，分别得出社区（学生）、住宅（父母）、住宅（学生）的四分图，如图 3-3 所示，可以得出父母和学生对居住环境的不同因素的重要度和满意度有所差异。

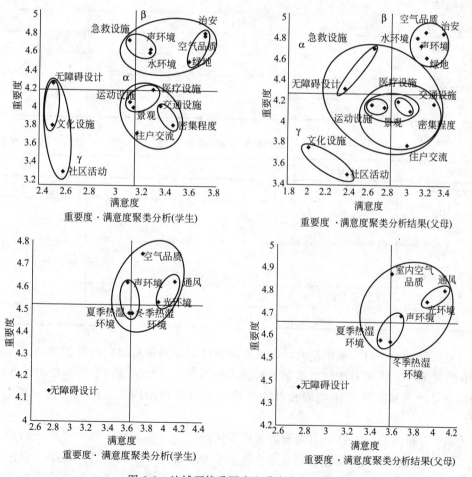

图 3-3　地域环境重要度和满意度四分图

3.3.2 居住环境关联健康影响优势比分析

通过对问卷中不同的居住环境因素与居住者健康状况的 logistic 回归分析，所得 OR 值如表 3-1 和表 3-2 所示。

社区居住环境 OR 值　　　　　　　　　　　　　　　表 3-1

原因	身体疼痛	其他疾病	过敏症状	感冒
水环境	—	1.343	1.423	1.826
声环境	0.936	—	1.750	—
绿地	0.914	—	1.602	—
空气品质	—	0.990	1.075	—
医疗设施	—	—	2.143	0.827
交通设施	1.045	—	—	1.032
运动设施	0.806	1.414	1.295	2.051
文化设施	—	1.713	—	—
治安	—	1.363	1.516	—
急救设施	0.981	—	—	—
无障碍设计	1.051	1.378	—	—
密集程度	—	—	1.110	1.268
景观	—	1.002	—	1.610
住户交流	0.711	—	—	—
社区活动	0.991	1.145	—	—

住宅居住环境 OR 值　　　　　　　　　　　　　　　表 3-2

原因	身体疼痛	其他疾病	过敏症状	感冒
空气品质	0.924	1.001	—	0.894
光环境	0.824	—	—	—
声环境	0.815	0.920	—	—
通风	1.227	0.945	—	0.923
夏季热湿环境	0.938	0.973	—	0.911
冬季热湿环境	0.600	0.776	0.612	0.940
无障碍设计	—	1.546	0.881	—

当 OR 值大于 1 时，取值越大，表示不满意时，该因素对健康不利影响越大。通过比较 OR 值的大小，确定对居住者健康影响较大的因素，同时结合四分图，确定这些因素所在分区，以此来判断住区环境需改善的因素和保持现状的因素，此次统计结果如表 3-3 所示。

由表 3-3 得出，处于 B 区且需要改善的有医疗设施、声环境、运动设施、治安、密集程度、住户交流该区域为促进项目，满意度和重要度都处于较高位置，表明在居住环境中这几个因素所做的措施得到住户的认可，为防止满意度下降，有必要保持或进行改善；处于 C 区有住宅无障碍设计、文化设施水环境、社区活动等因素，重要度和满意度都处于较低位置，相对于其他项目，改善的必要性不大。

四分图结合 OR 值 表 3-3

区域　　症状	B 区	C 区
过敏症状	医疗设施、住宅声环境	文化设施、社区无障碍设计
感冒	社区声环境、运动设施、治安/密集程度	文化设施、社区无障碍设计/社区活动
其他疾病	急救设施	住宅无障碍设计、文化设施

　　但在因果关系的分析上，由于健康与环境的因果关系无法确定，如出现健康危害，人群对居住卫生环境的不满意程度会较健康人群高，但同样，由于卫生环境没有达到居住者的满意度，导致对居住人群产生健康危害，所以采用四分图虽可以为居住环境改善提供改善建议，却不能从关联关系上评价居住环境对健康的影响。

　　通过开展居住者对居住环境主观反映的调查和建立居住环境关联健康影响因素模型，得到以下结论：

　　（1）通过建立四分图模型，发现父母和学生对居住环境的不同因素的重要度和满意度有所差异，父母对社区急救设施和无障碍设施的满意度较学生低，学生对社区各类环境满意度和重要度打分的平均值高于父母。

　　（2）通过对四分图分析，可知医疗设施、声环境、运动设施、治安、密集程度、住户交流这些调查项目均为促进项目，满意度和重要度都处于较高位置，有必要保持或进行改善；住宅无障碍设计、文化设施水环境、社区活动，重要度和满意度都处于较低位置，相对于其他项目，改善的必要性不大。

第4章 全国公众健康状况大样本调查研究

4.1 调查背景和目的

通过开展中国城乡居民居住环境关联健康状况的调查，获得了一些有价值的统计数据，但仍然难以分析得出室内环境与健康状况的关联影响，为此课题组进行了认真研究讨论，一致认为将居住建筑划分成功能房间，即起居室/客厅、卧室、卫生间/浴室、厨房等，对不同功能房间对应的生活行为和由此产生的健康风险进行重点探讨，尝试提出室内环境关联健康影响评价方法。基于这种研究思路，重新设计了一套调查问卷，为便于获得大样本数据，对问题进行了凝练，最后确立了包括被调查者个人属性、不同功能房间健康风险及健康状况三大部分的调查问卷，问卷共计49个问题，参见本书附录B。

4.2 调查方法

考虑到过去主要利用高校学生家庭进行问卷调查时所出现无效问卷多、家庭结构雷同、地域分布不均等问题，本次调查对象主要针对社会人群。大样本调查得到了科技部社会发展科技司及国家可持续发展实验区工作委员会的大力协助。调查以社区为对象，适当考虑职业、经济状况及含老人和儿童的家庭人员结构，针对全国十个省份和两个直辖市共计发放问卷12500份，回收有效问卷9134份，见表4-1。

大样本调查问卷发放和回收数量统计　　　　　　　　　　　表4-1

省市	发放问卷	回收问卷	有效问卷
北京市	1000	543	516
吉林省	1300	772	568
辽宁省	1300	1218	1218
山西省	1000	890	791
四川省	1100	1045	983
浙江省	1000	931	917
江西省	1000	862	834
广东省	1000	291	248
重庆市	2000	1540	1471
湖南省	600	527	527
贵州省	600	548	548
陕西省	600	550	533
合计	12500	9717	9134

4.3　调查结果分析

4.3.1　调查者基本属性

被调查者的性别及年龄分布见图 4-1。

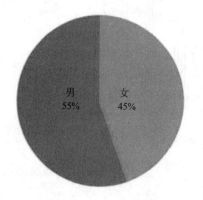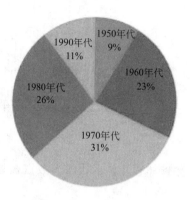

图 4-1　被调查者性别及年龄

4.3.2　入住现住址时间及平日平均在家时间

由图 4-2 可知，被调查者中入住现住址 10 年以上的占 54％，2～10 年的占 40％。由图 4-3 可知，被调查者平日平均在家时间超过 9h 的占 65％，其中在家时间 12～15h 的占 21％。

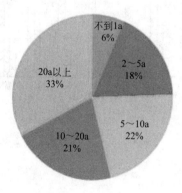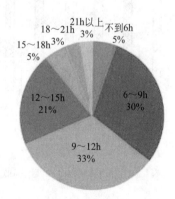

图 4-2　入住现住址时间　　　　　　　图 4-3　平日平均在家时间

4.3.3　居住者生活习惯

大连理工大学课题组通过对七省一市的调查数据统计发现，平均 29.4％的人平日平均在家时间为 6～9h、32.7％的人在家时间为 9～12h。其中广东省有 40.5％的人平日平均在家时间为 12～15h，结果见图 4-4。

吉林省、辽宁省、山西省、四川省吸烟人数平均达到 25.8％，占被调查者的 1/4，见

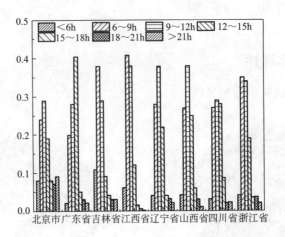

图 4-4　平日平均在家时间（包括睡眠）

图 4-5。除吉林省外，不饮酒人数占被调查者的一半以上，每月喝酒 1～2 次的人数约占 23.8%，见图 4-6。

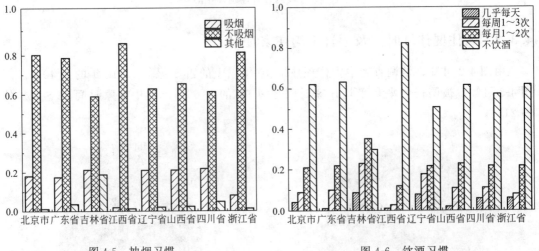

图 4-5　抽烟习惯　　　　　　　　　　　图 4-6　饮酒习惯

4.3.4　不同功能房间的健康风险

1. 起居室

调查结果显示，平均 19% 的人认为在夏天常因降温措施无效而感到热，其中江西省达 30.6%；重庆大学课题组对西部地区重庆市和贵阳市的调查发现，重庆市有 25.3% 的被调查者、贵阳市有 16.8% 的被调查者认为在夏天常因降温措施无效而感到热。集中供暖地区平均 17.7% 的人、南方地区平均 23.6% 的人认为在冬天常因供暖无效而感到冷，其中江西省达 29.2%、贵阳市为 23.3%；南方省份和北京市平均 22.8% 的人、北方省份平均 13.3% 的人认为即便关上门窗，也常感觉到室内外的声音或振动；重庆市约 50.1% 的人、四川省和浙江省约 13% 的人认为常闻到异味。

2. 卧室

平均 47.6％的人认为在夏天经常或偶尔热得睡不着觉，四川省有 18.6％的人、重庆市 18.3％的人、吉林省、山西省、江西省有超过 14％的人认为经常热得睡不着觉；山西省有 17.4％的人、吉林省有 11.3％的人在夏天经常关着门窗、不开空调或电风扇睡觉；广东省有 13.8％的人、吉林省有 9.7％的人认为在冬天经常冷得睡不着觉；北京市有 31.9％的人、山西省有 21.9％的人认为在冬天起床时常感到鼻子和喉咙干燥；值得注意的是即便在湿冷的重庆市和贵阳市仍然分别有 12.8％和 11.5％的人认为冬天起床时常感到鼻子和喉咙干燥。除广东省外，其他省份也有超过 10％的人有同样的感觉；四川省有 15.5％的人、重庆市 13.6％的人、山西省、浙江省、江西省、广东省有近 10％的人认为即便关着门窗也常能感觉到室内外的声音或振动。

3. 浴室、更衣室

北方省份有平均 15.1％的人、南方省份有平均 28.6％的人认为冬天更衣时经常感觉冷，其中江西省达 34％；北方省份有平均 14.6％的人、南方省份有平均 26.2％的人认为冬天洗浴时经常感觉冷，其中广东省和贵阳市分别达 34.3％和 31.4％。

4. 厨房

大连理工大学课题组对全国七省一市的调查发现，除辽宁省和广东省外，有平均 11.7％的人认为做饭时常发生水汽和气味排不出去的现象。重庆大学课题组的调查发现，重庆市约 24.7％的被调查者、贵阳市约 26.2％的被调查者认为厨房的味道会扩散到其他房间。

5. 厕所

有平均 21.4％人认为冬天经常感到冷，其中南方省份平均 25.5％、北方省份平均 17.3％；尤以江西省最高，达 32.4％；有平均 11.2％的人认为经常闻到令人讨厌的气味。

4.3.5　健康状况

大连理工大学课题组通过对七省一市的调查数据统计发现，平均 44％的人认为总体健康状况良好，平均 47.8％的人认为健康状况一般，其中北京市、四川省、浙江省、江西省有超过 52％的人认为健康状况一般；除广东省外（63.9％），有平均 22.8％的人认为精神状态非常好；除广东省以外（2％），平均 23.9％的人认为精神状态不太好。

1. 对现状的满意程度

平均 31.8％的人对现在的工作感到满意、51.2％的认为工作一般，另有 13.8％的人不满意现在的工作。平均 23.3％的人对现在的经济状况感到满意、48.7％的认为经济状况一般，另有 23％的人不满意现在的经济状况。平均 33.4％的人对现在的生活感到满意、62.8％的认为生活一般或不满意，另有 3.8％的人对生活很不满意。

2. 身体状况

一年中经常感冒的人平均为 6.8％，有平均 47.6％的人偶尔感冒；北京市有 16.2％的人经常关节疼；一年中有 14.8％的人经常颈椎或肩痛，其中北京市最高，达 27％；一年中有 11％的人经常腰疼，其中北京市最高，达 21.4％。北京市一年中有 11.7％的人经常便秘、有 14.6％的人经常大便不成形。江西省、广东省、吉林省被调查者认为一年中春季最容易生病，平均为 38.3％；其余省份均为冬季最容易生病，平均为 41.4％。一年里虽然接受过治疗检查，仍然有平均43%的人未痊愈。

3. 常患疾病

通过对14种常见疾病（恶性肿瘤、骨质疏松、过敏性鼻炎、支气管炎、神经衰弱、呼吸系统疾病、消化系统疾病、心脑血管系统疾病、免疫系统疾病、精神类疾病、骨伤类疾病、因交通事故摔倒、虫牙、牙周炎）的调查统计发现，综合排名常患疾病位居前五位的依次是虫牙/牙周炎（缺乏牙齿保健的意识）、呼吸道疾病（室内外空气污染）、消化道疾病（卫生习惯、饮食习惯）、过敏性鼻炎（环境因素引起）和骨质疏松（年龄因素引起）。由此可看出，常患疾病排名前5位的疾病中，有两种疾病与环境质量有关，而患牙病的比例在七省一市的统计中有5个省是排名第一。

4.3.6 基于中医理论大样本调查结果分析

本次大样本调查发现，在青壮年人群中（调查人员的平均年龄30～51岁）患病的综合排名除了牙病外，呼吸道疾病和消化道疾病名列前茅。目前大量流行病学调查表明，呼吸道和消化道都易受外界环境及气候因素的影响。在通过室内环境因素的大样本分析后，可以发现室内环境对人体健康具有重要的影响，主要表现为冬季北方集中供暖区室内的干燥环境以及南方寒冷环境对呼吸道的影响，以及湿环境对消化道的影响。

1. 冬季室内干燥环境对呼吸道的影响

中医理论认为，肺为娇脏，喜润恶燥，干燥环境极易引起呼吸系统疾病。从对于卧室的大样本调查来看，北京有31.9%的人、山西省有21.9%的人认为在冬天起床时常感到鼻子和喉咙干燥，这种情况在冬季集中供暖的地区比较常见，因此室内湿度太低对呼吸系统疾病高发的贡献度较大。

2. 冬季室内冷环境对呼吸道的影响

中医认为肺主皮毛，也就是说对皮肤刺激的因素也能影响肺的功能，尤其是寒冷刺激。通过本次大样本的调查发现，冬季室内（包括起居室、卧室、浴室、厕所）有冷感十分常见，这也成为呼吸系统疾病多发的主要诱因。数据显示：对于起居室，集中供暖地区平均17.7%的人、南方地区平均23.6%的人认为在冬天常因供暖无效而感到冷，其中江西省达29.2%。对于卧室，广东省有13.8%的人、吉林省有9.7%的人认为在冬天经常冷得睡不着觉。对于更衣室，北方省份有平均15.1%的人、南方省份有平均28.6%的人认为冬天更衣时经常冷，其中江西省达34%。对于洗浴室，北方省份有平均14.6%的人、南方省份有平均26.2%的人认为冬天洗浴时经常感觉冷，其中广东省达34.3%。对于厕所，有平均21.4%的人认为冬天经常感到冷，其中南方省份平均25.5%、北方省份平均17.3%，尤其江西省达32.4%。由上可见，江西省的室内环境在冬季感到寒冷的最多，而值得注意的是，江西省经常感冒的人也高于全国6.8%的平均值，达9.2%。另外，数据也显示，从全国季节性发病来看，冬春季节，尤其是冬季也是调查者认为发病最高的季节。这些都表明室内冬季的寒冷环境与呼吸系统发病存在着一定的关联性。

3. 湿因素对于消化道的影响

通过数据分析可见，消化系统疾病发病较高的省份主要集中在湿度比较高的地区，比如浙江省、江西省、广东省。中医理论认为"脾恶湿"是中医脾的重要生理特性之一。它出自《素问·宣明五气论》："五藏所恶：心恶热，肺恶寒，肝恶风，脾恶湿，肾恶燥，是谓五恶"。而中医的脾与消化系统有关。在中医临床上，湿热或者寒湿的环境会影响中医脾的功能，导致湿阻中焦证，主要表现为消化系统疾病，临床通过健脾化湿的方法进行治疗。另外，以上三省（浙江省、江西省、广东省）在调查中均有较高的室内冬季寒冷的比例，因此湿与寒相加对脾胃（即消化系统）的影响更大。动物实验研究也证明，在人工气候模拟的条件下，高湿环境会对消化道（胃，空肠，回肠）的免疫功能及肠道菌群产生不良影响。这也进一步印证了，室内湿度过高对消化系统疾病发病的影响是不可忽视的。

4.4 基于 SEM 的室内环境关联健康影响模型

结构方程模型方法（SEM）是指用变量的协方差矩阵来分析变量间关系的一种统计分析方法，结构方程模型是一种同时考虑因子之间的因果关系和因子内部结构的多变量测量模型。通常利用一定的统计手段处理复杂理论模型，并根据数据关系与模式之间的一致程度，来适当评价理论模型，从而证明或推翻假设的模型。结构方程整合了因子分析、路径分析和一般统计检验方法，可以同时分析一组具有相互关系方程式，尤其是具有因果关系方程式，从而反映各个变量间的影响路径。这种能力有助于进行探索性研究和验证性研究。当理论基础薄弱，多变量之间的关系不明确时，可以利用探索性分析，分析变量之间关系是否存在。同时，结构方程模型中考虑了误差因素的影响，弥补了因子分析缺点，并且不受路径分析严格的假设条件限制。综上而言，结构方程模型是一个具有优良性质多变量分析技巧，擅长处理错综复杂影响关系。因此，本次运用结构方程模型方法进行室内环境对居住者健康影响状况研究，利用结构模型分析多变量技巧和验证假设优点揭示其关系。

4.4.1 SEM 基本原理

完整的结构方程模型（SEM）主要包括测量模型与结构模型两个部分，测量模型指观测变量与潜在变量之间相互关系，而结构模型则说明潜在变量之间的关系，其示意图如图4-7 所示。测量模型利用观测变量估计背后潜在变量，因为一定量观测变量若是受到同一潜在变量影响，则反映在变量的共变关系上。潜在变量是指不可直接测量变量，即室内环境质量、健康状况以及社会经济状况 3 个变量，而观测变量是直接可以测量的变量，例如热感觉、湿感觉以及生活满意度等。每一个潜在变量和与之关联观察变量即形成了一个测量模型。结构模型是指潜在变量之间形成的线性模型，图 4-7 中室内环境质量、健康状况以及社会经济状况之间形成结构模型。以下对测量模型（以社会经济状况为例，其余不再赘述）和结构模型进行数学描述。

在社会经济状况测量模型中，共包括 3 个观察变量，即受教育程度（x_1）、工作满意度（x_2）、收入满意度（x_3），潜在变量即为社会经济状况（ζ），则测量模型方程为：

$$x_1 = \lambda_1 \zeta + e_7$$
$$x_2 = \lambda_2 \zeta + e_8$$
$$x_3 = \lambda_3 \zeta + e_9$$

式中 λ_1、λ_2 与 λ_3——观测变量生活满意度、工作满意度与经济满意度解释潜变量社会

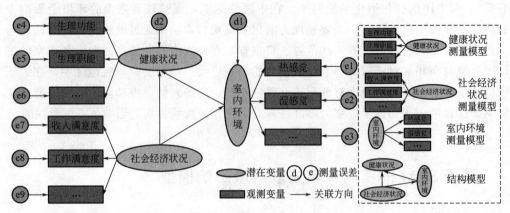

图 4-7　结构方程模型示意图

经济状况的因素载荷；

e_7、e_8 与 e_9——观测变量被潜变量解释不完全的测量残差。

结构模型包括 3 个潜变量，即室内环境（η_1）、健康状况（η_2）以及社会经济状况（ζ），结构方程为：

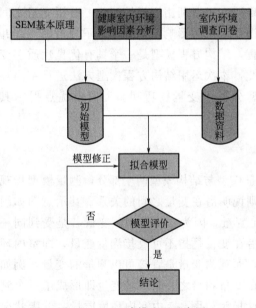

$$\eta_1 = \gamma_1 \zeta + d_1$$
$$\eta_2 = \gamma_2 \zeta + \gamma_3 \eta_1 + d_2$$

式中　γ_1、γ_2 与 γ_3——潜变量之间关联参数；

d_1 与 d_2——潜在变量无法被完全解释的估计残差。

4.4.2　SEM 建模流程

结构方程模型（SEM）建模流程示意图如图 4-8 所示，具体解释如下：

（1）初始模型：根据健康室内环境影响因素分析，结合 SEM 原理提出初始模型。

（2）数据资料：通过室内环境调查问卷搜集相应的观测数据。

（3）拟合模型：将数据资料代入初始模型进行拟合（Amos 软件）。

图 4-8　SEM 建模流程示意图

（4）模型评价：依据拟合度指数（χ^2、GFI 以及 RMSEA 等）进行模型评鉴。

（5）模型修正：通过调整初始模型，使其满足拟合度指数的要求

（6）结论：满足拟合要求，根据参数数值对模型进行解释。

4.4.3　室内环境关联健康影响 SEM 模型分析

利用 AMOS22.0 建立了室内环境、居住者健康状况以及社会经济地位之间结构方程（SEM）模型。并利用拟合度指标卡方检验（χ_2、df 以及 P 值）、IFI、CFI 以及 RMSEA

对模型进行了评鉴，由于拟合度衡量指标目前尚未统一，研究者常根据不同研究目的选择相应的指标。由侯杰泰等人研究可知，指标拟合度一般应满足 3 个基本原则：1）χ^2/df 在 2～5 之间；2）RMSEA 小于 0.08；3）IFI 与 CFI 大于 0.9。本次拟合结果显示出了模型具有较好的拟合性，如图 4-9 所示。

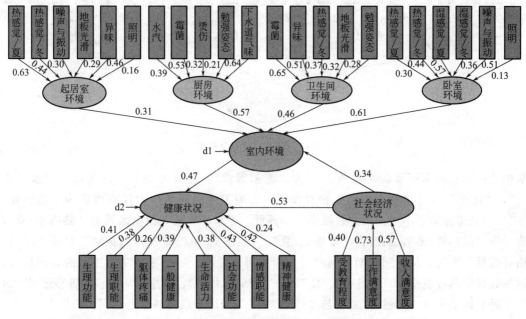

图 4-9　室内环境关联健康影响 SEM 模型结构图

1. 居住建筑各功能房间调查指标分析

如图 4-10 所示，室内不同功能房间对室内环境解释力相差迥异，卧室环境对室内环境解释力最大，起居室环境解释力最小。表明居住者对卧室环境较为敏感，然后为厨房环境，起居室环境以及卫生间环境次之。卧室作为最重要的睡眠环境，与居住者交互时间较长，如果按照每天 8h 计算，人的一生 1/3 的时间是在卧室中度过的，不良的卧室环境易引起居住者睡眠节律紊乱，故卧室环境在一定程度上表征了室内环境质量。厨房作为烹饪场所，尤其对于中国人而言，饮食习惯易导致烹饪产生大量的油烟，同时文献表明在非吸烟女性诱发肺癌危险的因素中，超过 60% 的女性长期接触厨房油烟，有 32% 的女性烹饪时喜欢用高温油煎炸食物，同时厨房门窗关闭，导致厨房小环境油烟污染严重，还有 25% 的家庭厨房连着卧室，高温油烟久久不散，甚至睡觉时也在吸入。卫生间环境是室内污染源产生的重要场所，一则由于卫生间湿度较高，易滋生霉菌；二是排气不畅，室内颗粒物以及废气不易排出室外。起居室环境作为过渡环境，是家庭活动的中心，现代意义上的起居室更是整合了其他单一功能房间的内容，其应该满足居住者活动的基本生理需求和心理需求。

从功能房间的测量指标可以看出，即使同一测量指标，对不同功能房间影响程度并不相同。例如，在起居室和卧室热环境中，热感觉（夏）因子载荷分别是 0.66 和 0.82，其反映出不同功能房间对居住者主观感觉产生不同影响，仅从功能房间的单一指标去衡量此指标对于居住者的影响是不全面的。对各个功能房间而言，影响起居室环境较高的权重因素为"热感觉/夏"，"地板光滑"最低，"噪声与振动"、"异味"以及"照明"指标权重基

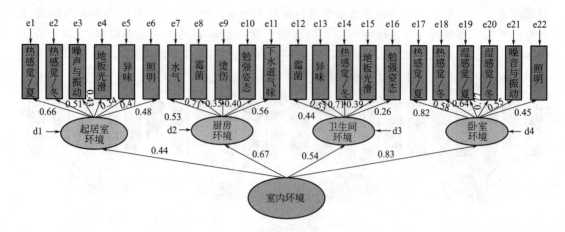

图 4-10 室内环境测量模型

本相等；影响厨房环境最大权重因素为"霉菌因素"，然后为"下水道气味"以及"水气"，"烫伤"以及"勉强姿态"相对偏低；影响卫生间环境最大权重因素为"热感觉/冬"，其余指标差别不大，仅"勉强姿态"偏低。卧室环境最大权重因素为"热感觉/夏"，然后为"湿感觉/冬"，其次为"湿感觉/夏"，"热感觉/冬"、"噪声与振动"以及"照明"相对偏低。同时，从不同功能房间测量指标中可以看出，热指标对功能房间的影响较大，例如起居室热环境指标（"热感觉/夏"与"热感觉/冬"）、卫生间环境（"热感觉/冬"）以及卧室环境中（"热感觉/夏"与"热感觉/冬"）因子载荷基本上达到 0.6 以上。

2. 居住者健康及社会经济状况评估分析

健康状况以及社会经济状况测量模型如图 4-11 所示。对于健康测量模型而言，生理健康中的"生理功能"指标以及心理健康中的"社会功能"指标对健康影响较大，然后为"躯体疼痛"与"生命活力"，其次为"生理职能"、"一般健康"以及"精神健康"，"情感职能"影响最低。社会经济状况测量模型表明，"收入满意度"是影响社会经济状况的主要因素，其次为"工作满意度"，"受教育程度"相对偏低。其反映了居住者对于收入状况关注度最高。

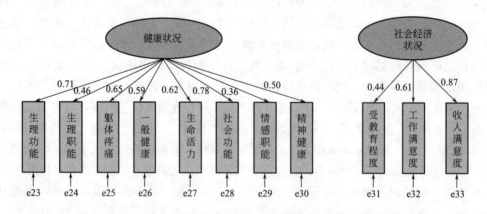

图 4-11 健康状况及社会经济状况测量模型

3. 室内环境与健康及社会经济状况关联分析

图 4-11 中的结构模型表明室内环境、居住者健康状况以及社会经济状况之间具有显

著性关系，其反映了通过结构方程去建立室内环境关联健康影响模型是可行的。室内环境对居住者健康影响系数为 0.68，大于社会经济状况对健康状况直接影响。而社会经济状况不仅对居住者健康状况有直接影响（0.53），同时其可以通过影响室内环境间接影响健康状况（0.68×0.47），此时室内环境是间接影响因素，所以社会经济状况对健康的总影响值应该是直接影响与间接影响的和，即 0.85，数值已经超过了室内环境对健康影响程度。相关文献也表明，拥有较高社会经济状况的居住者一方面对于自身健康状况比较关注，因此会对室内环境比较重视；另一方面来讲，此类人群大多具有较大的支配权利，因此对于在初期选择时偏向于选择质量较高的居住建筑。这也反映了在进行室内环境与健康之间的关系研究时，社会经济因素是一个不容忽视的混杂因子，其通过影响室内环境质量从而对健康产生间接影响，如果不剔除此因素，则会影响相应的科学研究，导致实验误差偏大。以上结果表现出来的关联性也有可能是不可观察的个人因素所导致的伪相关，是因为个人生理因素以及自由选择对上述 3 个因素的影响而产生的。由于本次调查所研究重点不是个人之间的健康差距，而是研究群体之间的室内环境关联健康影响模型，所以必须对关联模型保持谨慎态度。

通过结构方程（SEM）构建室内环境关联健康模型，得到以下结论：

（1）通过利用结构方程模型（SEM）建立室内环境、居住者健康状况以及社会经济状况之间关联模型，定量地描述了室内环境对于居住者健康状况的影响（0.68），同时也表明社会经济状况不仅对健康状况产生直接效应，同时也可以通过影响室内环境从而间接影响居住者健康状况，反映了在进行室内环境与健康之间的关系研究时，社会经济因素是一个不容忽视的混杂因子。

（2）室内环境测量模型表明，不同功能分区对室内环境影响不相同，居住者对卧室环境较为敏感，然后为厨房环境，起居室环境以及卫生间环境次之。

（3）从结构方程模型中各个功能房间的测量指标可以看出，即使同一测量指标，对不同功能房间内的影响并不相同。仅从功能房间的单一指标去衡量此指标对于居住者影响是不全面的，因此采取功能分区的方式来描述室内环境对居住者健康影响具有一定的科学性。

第5章 基于问卷调查室内健康环境表征参数

通过对大样本问卷调查结果的统计分析，得到不同地域功能房间室内健康环境的主要表征参数，其结果如表 5-1 所示。

室内健康环境主观表征参数 表 5-1

功能房间	表 征 参 数		
	东北地区	西部内陆地区	东部沿海地区
起居室(厅)	热感觉(夏)、热感觉(冬)、照明、异味、噪声、地板光滑	异味、噪声、采光	灰尘
卧室	热感觉(夏)、湿感觉(冬)、湿感觉(夏)、热感觉(冬)、噪声、照明	噪声、湿感觉、采光	异味、照明
厨房	霉菌、水汽、异味、勉强姿态、烫伤	异味、油烟	油烟

第2篇 居住建筑功能房间室内环境健康性能实测调查研究篇

近年来，室内环境对人体健康的影响受到了广泛的重视，与建筑室内污染物相关的疾病的发病率不断上升，但目前我国环境与健康体系未完整建立，难以对室内环境的健康性能进行综合评价。我国第三次死因回顾调查（2004～2005年）的结果也显示，当前我国居民的死因谱已较30年前发生了明显的变化，由于基础设施不良等造成的传染病的死因顺位大幅后移，由新中国成立之初的第一位移出了前十位，而与环境污染关系密切的恶性肿瘤、心脑血管疾病、呼吸系统疾病等的顺位前移，位居全人群死因前三位，说明环境污染在影响我国人群健康的因素中所占的比例有所增加，综合了解室内环境不同污染物产生及对人体健康危害机理，能够有效地减少室内污染物的产生并对室内环境做出风险预警。

如何营造一个良好的建筑室内环境已经困扰了建筑师、工程师和科学家一个多世纪，然而直到21世纪初，相关参数如光、声、热与人体需求的关系才初次建立。但室内环境状况与居住者的健康舒适关联尤为复杂，室内环境污染物对人体健康影响可能是简单的叠加也有可能是复杂的综合影响，对人体产生短期或者长期的健康影响。目前对室内环境污染物的控制仅仅是从单个污染参数的物理影响出发，以探寻热湿环境、光环境、声环境、空气质量及电磁辐射环境各自的解决措施，或者仅仅是考虑某个环境污染物参数对人体的健康影响。目前的标准或方法大部分关注单个污染物剂量反应关系，为了提高未来室内环境质量调查中评价环境健康之间因果关系的准确性，首先需要了解室内环境污染物对人体健康产生影响的机理，继而选取能综合表征对人体健康影响的参数并对室内环境产生的健康影响进行评价。

在大量研究的基础上，发达国家制定了相关标准并设立专门机构来指导健康住宅设计，如美国于1992年设立了国家健康住宅中心，并出版了《健康住宅检查手册》；日本从20世纪90年代开始推行健康住宅，同时成立了专门的研究机构并建立了健康住宅评价体系 CASBEE-J（Comprehensive Assessment System of Building Environmental Efficiency in Japan），其目的是探索居住环境与人类健康的关联性。

随着我国经济快速发展、人民生活水平提高和环保意识增强，人们对自身健康问题已经越来越重视，众多学者、机构针对居民健康状况已开展了相当数量的大样本问卷调查，但关于导致不良健康状况的影响因素仍然缺乏相应数据，特别是针对住宅室内环境大样本实测调查仍属空白。因此，本书旨在了解我国典型地区居住建筑室内环境现状及居民健康状况，找出影响居民健康的潜在环境因素和生活方式，为我国未来健康住宅的设计和评价、倡导健康生活方式、改善国民健康素质提供理论依据和指导。

第6章 实测调查概要

6.1 实测调查目的

为了探讨居住建筑室内环境对人体健康的关联影响，除了对住户的主观健康状况和环境舒适满意度调查外，还需要针对一定的住户群体开展入户实测调查，其目的主要有以下4点：

（1）了解我国典型地区居住建筑室内环境现状及住户生活行为；

（2）了解居住建筑室内主要的环境污染物及存在的问题；

（3）不同功能房间环境之间的相互影响特性及干预措施；

（4）室内环境关联健康影响分析调查。

6.2 实测调查对象

为了使实测住户具有一定的代表性，选取时考虑了建筑年代、人员结构、建筑面积、社区分布、经济水平等多方面因素，具体原则如下：

（1）建筑年代：2010 年后、2000～2010 年、2000 年以前；

（2）建筑面积：120m² 及以上（大户型）、80～120m²、80m² 及以下（小户型）；

（3）人员结构：父母＋儿童、老人＋父母＋儿童、老人、成年人；

（4）住户应尽量分散在各市辖区，并同时考虑其经济收入水平等因素。

综合上述选取原则，在我国东北、华东和西南三个典型地域 13 个城市和地区共计对 231 户家庭进行了入户实测调查，其分布如表 6-1 所示。

入户实测调查对象分布 表 6-1

气候分区	具 体 地 点	样本量
严寒及寒冷地区	齐齐哈尔(9)、哈尔滨(19)、长春(21)、沈阳(19)、锦州(9)、鞍山(3)、大连(10)、北京(10)、西安(15)	115
夏热冬冷地区	重庆(71)、成都(5)、上海(30)	106
温和地区	贵阳(10)	10

测试住户建筑外立面实景图如图 6-1 所示，对附表 G 统计的 176 户住户信息进行统计，其人员结构分布如图 6-2 所示，住宅面积分布如图 6-3 所示，建筑入住年份分布如图 6-4 所示。

图 6-1 实测住户建筑外立面实景图

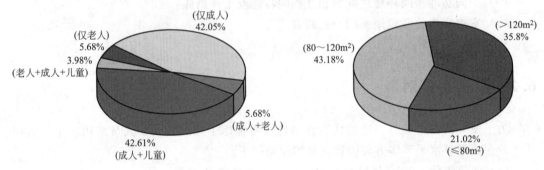

图 6-2 实测住户人员结构分布

图 6-3 实测住户住宅面积分布

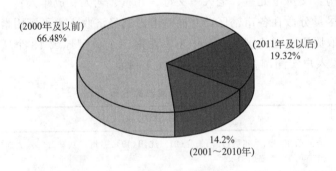

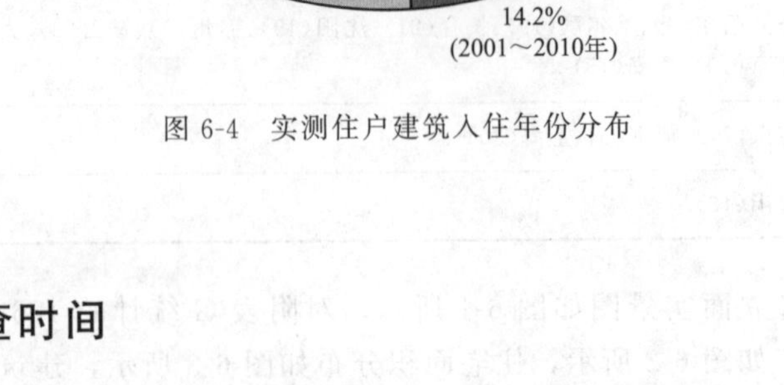

图 6-4 实测住户建筑入住年份分布

6.3 实测调查时间

实测调查在 2013～2015 年期间开展，具体调查时间如表 6-2 所示。

入户实测调查时间统计表　　　　　　　　　　　　　表 6-2

城市	实测时间及户数
齐齐哈尔	2014 年 11 月(9 户)
哈尔滨	2014 年 4 月(10 户)、2014 年 12 月(9 户)
长春	2014 年 4 月(10 户)、2014 年 12 月(9 户)、2015 年 7 月(3 户)
沈阳	2014 年 3 月(10 户)、2015 年 1 月(9 户)
锦州	2015 年 1 月(9 户)
鞍山	2015 年 7 月(3 户)
大连	2012 年 11 月(10 户)
北京	2012 年 11 月(10 户)
西安	2014 年 7 月(10 户)、2015 年 7 月(5 户)
重庆	2014 年 7 月(10 户)、2014 年 12 月(50 户)、2015 年 7 月(11 户)
贵阳	2014 年 7 月(10 户)
成都	2015 年 7 月(5 户)
上海	2013 年 4 月(30 户)
合计	232 户

6.4　实测调查内容

实测调查内容主要包括环境测试、问卷调查两个部分。

6.4.1　环境参数测试

环境测试参数分为热湿环境、声环境、光环境、空气品质和电磁辐射环境方面，按照功能房间进行以下划分，如表 6-3 所示。

实测参数汇总　　　　　　　　　　　　　表 6-3

功能空间 项目分类	起居室	卧室	厨房	卫生间 (浴室)
光环境	自然采光照度 人工照明照度	自然采光照度 人工照明照度	自然采光照度 人工照明照度	自然采光照度 人工照明照度
声环境	背景噪声 (日间/夜间)	背景噪声 (日间/夜间)	背景噪声 (日间/夜间)	背景噪声 (日间/夜间)
热湿环境	空气温度 相对湿度 空气流速	空气温度 相对湿度 空气流速	空气温度 相对湿度 空气流速	空气温度 相对湿度 空气流速
室内空气品质	CO_2、TVOC 甲醛、PM2.5	CO_2、TVOC 甲醛、PM2.5	CO_2、TVOC、PM2.5	—
电磁辐射环境	电磁强度 磁场强度	电磁强度 磁场强度	电磁强度 磁场强度	—

上述测试方法参考了以下标准规范：

(1)《室内空气质量标准》GB/T 18883-2002；

(2)《民用建筑室内热湿环境评价标准》GB/T 50785-2012；

(3)《声环境质量标准》GB 3096-2008；

(4)《民用建筑隔声设计规范》GB 50118-2010；

(5)《建筑采光设计标准》GB/T 50033-2013；

(6)《建筑照明设计标准》GB 50034-2013；

(7)《电磁环境控制限值》GB 8702-2014。

建筑室内起居室、卧室、厨房和卫生间四个功能房间均在实测范围之内，测点布置示意图如图6-5和图6-6所示，其中照度测试和背景噪声测试分别在日间和夜间分两次进行，采用多点测量后取均值的方法获得，甲醛和TVOC按照规范要求选取采样时间，其他参数采取单点连续测量（24h），测点尽量布置在居室中间，测点布置完后告知住户尽量保持原有生活状态并做好相关记录，保证数据具有较好的代表性，测试仪器型号及采样方式如表6-4所示，各参数测试方法和仪器测试精度均符合国内相关规范要求。

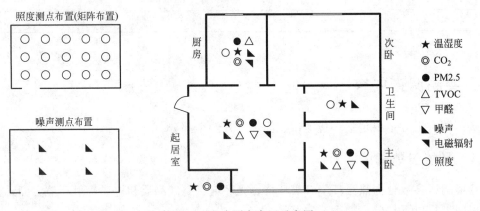

图6-5　室内测点布置示意图

图6-6　实测现场工作人员及测点布置图

实测参数及仪器

表 6-4

实测参数	测试仪器名称及测试方法	仪器精度	测试仪器照片
空气温度 相对湿度	名称:日本双通道 TR72U 温湿度自记仪 方法:尽量置于各功能房间中央,24h 连续采样	±0.1℃;±5%	
空气流速	名称:(KANOMAX-6004)热线风速仪 方法:将探头置于室内中央或排气扇口,待数据稳定后开始读数,多次测量求均值	±0.001m/s	
建筑围护结构内外表面温度	名称:红外热像仪(FLIR B250) 方法:主要针对建筑内外围护结构拍摄,利用软件计算内外表面温度	±0.01℃	
噪声	名称:AWA6228 型多功能声级器 方法:采用多点瞬时采样(5min)与夜间连续采样(卧室)相结合的方式	±1dB(A)	
照度	名称:TES1339 照度计 方法:将各功能房间按一定的比例均匀划分网格,多点测量后求均值	0.01lx	
CO_2	名称:MCH-383SD 型 CO_2 测试仪 方法:尽量置于各功能房间中央,24h 连续采样	±5%(1ppm,≤1000ppm)	
PM2.5	名称:日本 SHINYEI PM2.5 测试仪 方法:尽量置于各功能房间中央,24h 连续采样	±1%	
甲醛	名称:日本 SHINYEI FMM-MD 测试仪 方法:尽量置于各功能房间中央,30min 连续采样	±2%	
TVOC	名称:FYCY-2 型双通道大气恒流采样器 方法:根据需要的采气量设定流速和采集时间,仪器置于室内中央		
	名称:GC112A 气相色谱仪 方法:由具有一定检测资质的机构对采样管进行分析		

实测参数	测试仪器名称及测试方法	仪器精度	测试仪器照片
电磁辐射	名称：PMM8053A 型电磁辐射分析仪 方法：分别在设备开启和关闭状态下测试电磁辐射强度	0.05V/m,1nT	

6.4.2 问卷调查

在进行实测调查的同时进行问卷调查及部分访问项目，主要了解住户的日常生活方式及身体健康状况，调查问卷设置内容如表 6-5 所示，调查问卷具体内容见本书附录 D。

调查问卷内容设置   表 6-5

项目	内 容 设 置
基本信息	建筑信息、人员构成、生活习惯
功能房间	健康感觉、潜在的健康风险
健康状况	心理健康状况、身体健康状况、患病及诊疗

为保证实测数据的准确性和后续分析，测试人员需对应测试数据录入表录入对应的信息，内容设置如表 6-6 所示，具体内容见本书附录 D。

数据录入表内容设置   表 6-6

项目	内 容 设 置
仪器信息	测点布置、采集状态是否正常、测试时间
住宅信息	户型图、实景照片、采暖形式、围护结构等
生活行为	抽烟、烹饪、洗浴、盆栽、宠物、开窗等

住户填写问卷时，均有测试人员对其进行填写指导，确保填写数据的有效性，问卷填写如图 6-7 所示。同时，为了详细记录测试住户的基本信息和生活信息等，测试人员会对室内的布局、住户作息行为等进行询问调查，样表如图 6-8 所示。

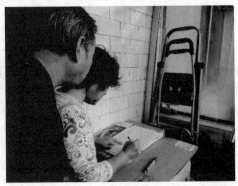

图 6-7 测试住户填写调查问卷

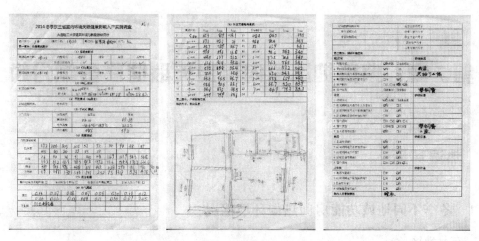

图 6-8 入户实测数据汇总样表

第7章 典型地区室内环境关联健康影响分析

7.1 热湿环境

7.1.1 冬季不同地域功能房间热湿环境状况

1. 东北地区

东北地区冬季实测调查分为两阶段进行，分别为供暖末期（2014 年 3～4 月）和供暖期（2014 年 11 月～2015 年 1 月），室内各功能房间日平均温度分析结果如图 7-1 所示，供暖末期室外平均温度为 8.7℃，供暖期室外平均温度为－8.4℃，而室内各功能房间的平均温度却基本相同，分别为 21.8℃ 和 21.6℃，均在我国要求的供暖范围之内。其中，卧室相对于其他功能房间较低，通过对户型的统计可知，卧室基本为北向布置，为建筑阴面，热损失较大。如图 7-2 所示，供暖末期与供暖期室内的平均相对湿度相差较大，供暖末期室内相对湿度在 42% 左右，虽然室外整体相对湿度较供暖末期高，但是供暖期室内整体均值仅为 34%，严重偏离人体舒适区要求。通过调查发现可知，供暖末期住户开窗通风比例较供暖期住户高，室内洗浴和晾衣活动也均高于供暖期，加上供暖期室内外温差较大的影响，从而导致了室内整体相对湿度偏低。

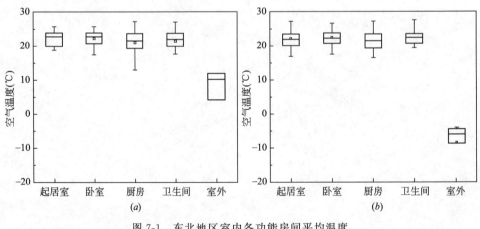

图 7-1　东北地区室内各功能房间平均温度

（a）供暖末期；（b）供暖期

在对供暖期住户室内的冷感觉调查中发现，仅有 11.6% 的住户表示起居室经常有冷感觉，如图 7-3 所示，94.4% 的住户表示卧室很少有或没有冷感，这表明目前供暖地区的室内温度基本均能满足住户的要求，但是在最易患病季节的调查中发现，分别有 18.8% 和 54.9% 的住户表示春季和冬季是最易患疾病的季节。相关研究成果已表明，反复的冷热刺激易引起身体的不适，且由于室内外温差较大，极易对人体的健康造成危害。

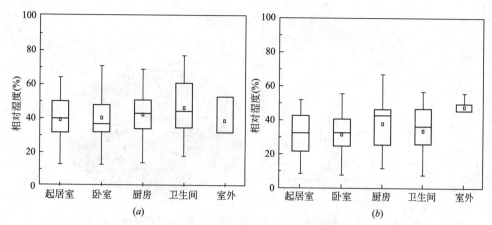

图 7-2 东北地区室内各功能房间平均相对湿度

(*a*) 供暖末期；(*b*) 供暖期

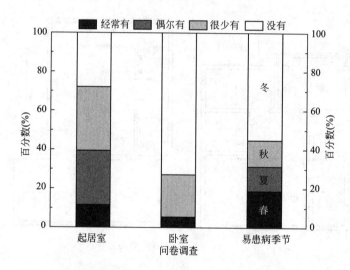

图 7-3 东北地区供暖期住户主观冷感觉调查

受建筑布局、生活行为和供暖设计等因素影响，室内各功能房间温度会呈现出一定的波动，如图 7-4 所示，室内各功能房间全日温度波动值在 3.4～4.7℃ 左右，卧室最大温度波动值为 15℃，这种波动主要受住户开窗通风影响。而室内整体的温度差异性较单个功能房间更为明显，如图 7-5 所示，温差大于 6℃ 的住户高达 50% 以上，反复的冷热刺激，尤其是对老人、婴儿等健康的影响较为显著，且室内人员着装较少，一般很少会在室内穿着外套等，因而应尽量降低室内这种不利的健康影响。如图 7-6 所示，厨房北向布置，夜间热损失较大，因而在四类功能房间中，温度波动最为显著。

卧室作为人休息的主要场所，温度过低或温度波动过大，均会对人体的健康造成极大的影响，因而对室内空气温度要求较高，如图 7-7 所示，通过对卧室全日平均温度和夜间平均温度（22：00～06：00）的对比分析可知，两者并无较大差异，平均温度约为 22℃，夜间稍低 0.1℃ 左右，夜间卧室最大温差为 3.1℃，平均温差仅为 0.6℃，这表明调查住户

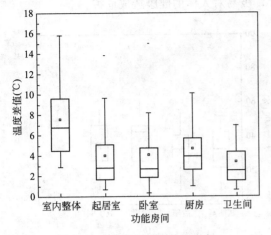

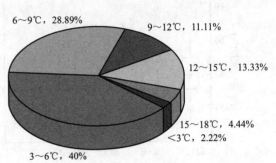

图 7-4　东北地区供暖季室内各
功能房间温度波动差值

图 7-5　东北地区供暖期室内最大
温差值范围分布图

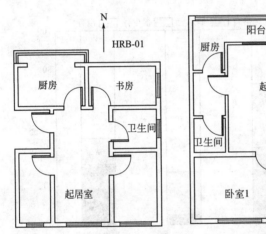

图 7-6　东北地区典型户型布置图

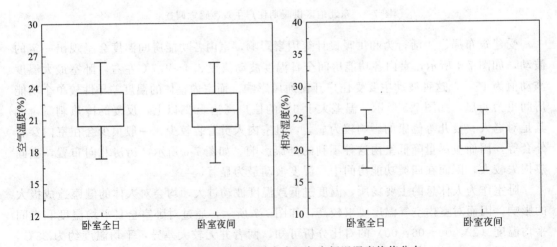

图 7-7　东北地区供暖期卧室全日与夜间温湿度均值分布

供暖季夜间睡眠温度适宜。相对湿度也均为 22％ 左右，主观调查结果如图 7-8 所示，分别有 27.3％ 和 35.2％ 的住户表示经常有或偶尔有干燥感，调查中发现，很少有住户使用加湿设备对室内空气进行加湿处理。

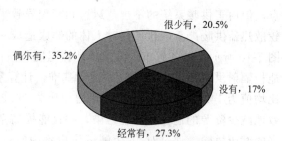

图 7-8 供暖期起床时后感到鼻子和喉咙干燥的住户比例

按照目前我国室内环境相关规范要求，散热器供暖舒适区为 18～24℃，地板辐射供暖为 16～24℃，相对湿度均为 30％～60％，其中散热器供暖住户 24 户，地板辐射供暖住户 21 户。通过对各城市住户起居室、卧室所有调查数据的整理，将室内环境划分为：热舒适区、过热区、过干区和过热干区四类进行分析。如图 7-9 所示，在实测住户中散热器与地板辐射供暖的舒适区所占比例分别为 51.5％ 和 35.4％，地板辐射供暖的过热现象较散热器供暖高 22.7％，过干现象较散热器供暖高 8.6％，虽然地板辐射供暖较散热器供暖具有舒适性高、空气温度稳定性好等特

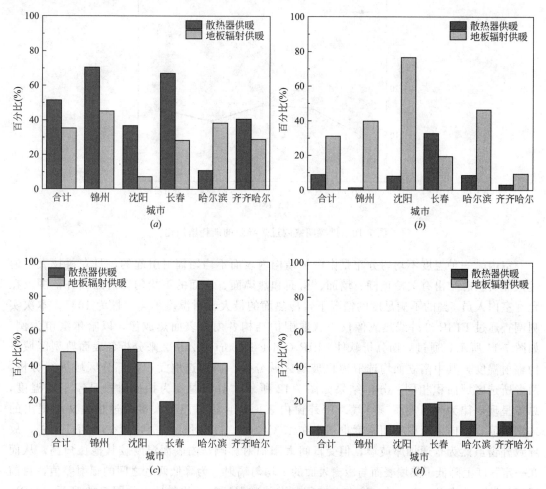

图 7-9 供暖期室内热湿环境整体分布图
(a) 热舒适区；(b) 过热区；(c) 过干区；(d) 过热过干区

点，但由于供暖系统的不规范运行和管理导致了地板辐射供暖实测住户中过热、过干现象较散热器供暖严重，这不仅对人体的健康造成一定的风险，还导致了极大的能源消耗。如图 7-10 所示，以各省市供暖室外计算温度与室内供暖设计温度最低值（散热器供暖 18℃、地板辐射供暖 16℃）的温度差值为基准，计算室内过热导致的能耗增加比，发现能耗增加比均值为 14.1％，其中最大能耗增加比为 29.2％。对现有供暖系统的管理与改善能够有效地减少资源的消耗和环境污染，并且能提高室内居住人员的热舒适感，降低热湿环境带来的健康风险。通过对 45 个测试住户室内空气温度与相对湿度的对比，发现室内空气温度日波动幅度较小，但各功能房间之间存在明显的分层现象，其波动和分层主要受用户生活习惯（早起开窗、烹饪）、太阳辐射（南向起居室、卧室）和功能房间布局（北向厨房）等影响。供暖期室内相对湿度普遍较低，但由于烹饪、洗浴产生大量水气且室内无适宜的排气设施，造成短时间内厨房、卫生间相对湿度急剧升高，起居室、卧室也会呈现出一定的波动，但由于室内整体过于干燥，这种影响在短时间就会消失，故室内相对湿度的波动幅度大频率高。

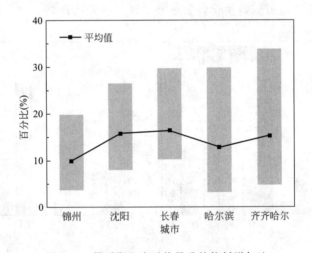

图 7-10　供暖期室内过热导致的能耗增加比

　　室内另一种温度不均匀分布是由围护结构内表面不均匀辐射引起的，丹麦科技大学通过人体实验总结出有关冷顶棚、墙面、窗面和热墙面、窗面的不均匀辐射的允许范围，在允许室内人员 5％的不满足度的情况下，冷热面的最大辐射温度不均匀性为 10℃。本次实测调查通过 FLIR 红外线热成像仪来获取围护结构各内外表面热成像，以哈尔滨市为例，如图 7-11 所示，通过后期分析软件 FLIR Quick Report 1.2 SP2 来分析各表面典型区域平均辐射温度，其中南立面均选取窗户玻璃区域分析，内墙选取无遮挡部分区域进行分析，两者所选区域面积相同。分析结果如图 7-12 所示，空气温度为拍摄时段卧室平均温度，总体呈现规律为内墙表面＞空气＞南外窗内表面，且辐射温差大多超过相关文献提出的 10℃限值，南向外窗内壁面温度也基本在 15℃以下。HRB-04 拍摄时间在晴朗日上午，故导致外窗虽然为普通加厚玻璃，但受日间太阳辐射影响，内表面温度较其他住户高，从而在一定程度上降低了热墙表面与冷窗表面的不均匀辐射。为降低两者之间的辐射差值，目前通用的做法是使用窗帘遮挡，这在一定程度上能削弱这种不均匀性，如图 7-13 所示，HRB-05 和 HRB-07 住户在无窗帘遮挡时所选典型区域平均辐射温度分别为 13.6℃和 14.2℃，在

南墙外立面　　　　　南墙内表面　　　　　北墙内表面　　　　　内隔墙表面

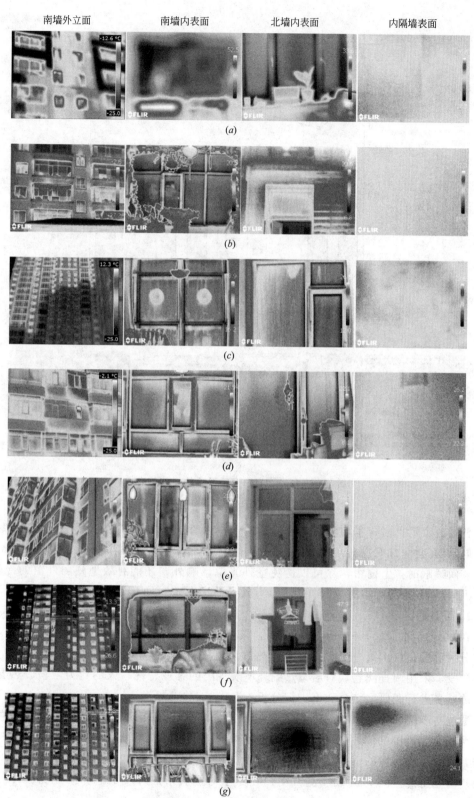

图 7-11　哈尔滨测试住户围护结构内外表面红外热成像

(*a*) HRB-01；(*b*) HRB-02；(*c*) HRB-04；(*d*) HRB-05；(*e*) HRB-06；(*f*) HRB-07；(*g*) HRB-09

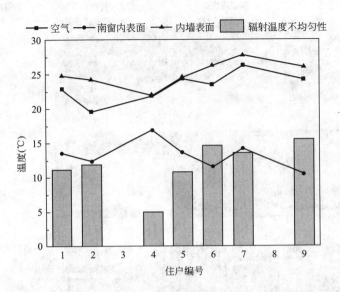

图 7-12　哈尔滨测试住户围护结构内外表面平均温度

图 7-13　外窗在有窗帘情况下的红外热成像
(a) HRB-05；(b) HRB-07

采用普通窗帘遮挡时，平均辐射温度分别为 18.5℃和 19.5℃，有效地降低了室内冷热表面辐射不均匀性（5℃左右），能够使辐射不均匀度降低到文献推荐值（10℃）以下。推荐住户夜间睡眠时拉上窗帘，除可以避免室外光源影响外，还能有效地减弱外窗的冷辐射，提高人体热舒适感。

2. 西部地区

在 2014 年 12 月～2015 年 1 月期间，按照测试对象选取原则选取了 50 户重庆住户，测试分两阶段进行。第一阶段，对室内热湿环境进行实测，测量温度、湿度等物理参数；第二阶段，采用调查问卷，对居室热湿环境表现出的客观特性、人的行为习惯、热湿环境的总体感受进行调研，结合数据进行分析。

通过初步统计分析，冬季温度分布在 10℃左右，冬季相对湿度分布在 70％左右。图 7-14 为基于问卷中的问题"近两个月您对室内热湿环境感觉"所做的统计。因测试时间为冬季，用户对热环境的感受主要为很冷、冷、有点冷，除 26.19％的住户觉得舒适外，其他住户均觉得冷。图 7-14 表明测试用户在冬季对重庆市热环境的总体感觉为偏冷。通过计算也发现 PMV＜0。

如图 7-15 所示，西部内陆地区冬季室内较为阴冷，但室内各功能房间的温度分布与

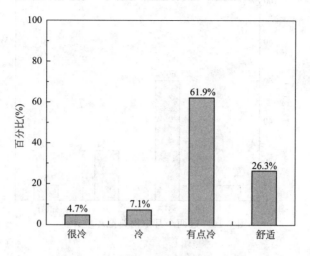

图 7-14　近两个月室内热湿环境感觉

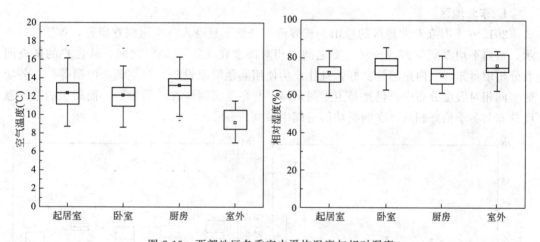

图 7-15　西部地区冬季室内平均温度与相对湿度

东北地区较为不同，室内呈现出厨房＞起居室＞卧室的趋势，这主要是由于起居室和卧室无室内热源，而厨房在烹饪过程中会产生一定的热量，相当于有额外的热量补充，另外，卧室一般为南向布置，部分住户睡眠期间仍会开窗通风，从而导致了卧室整体温度较低，从相对湿度的分布也可以得出，卧室与室外整体相对湿度较为一致，室内整体热湿环境呈现出阴冷的现象，热舒适性较差。

图 7-16 是对"近两个月您对室内热湿环境的评价"这一问题的统计分析图，由图可以看出，7.5％的测试用户对室内热湿环境不满意，60％的测试用户认为适中，其余的测试用户则认为较好。

通过对东北地区和西部地区的调查可知，北方供暖地区冬季室内温度较高，呈现出过热现象，且室内温度存在一定的日波动现象，各功能房间温度也存在一定的差异性，室内相对湿度极低，且大部分住户反映出由于干燥而带来的身体不适感，而西部地区则呈现出阴冷的特点，住户舒适率较低，热湿环境在人体热舒适区范围以外。

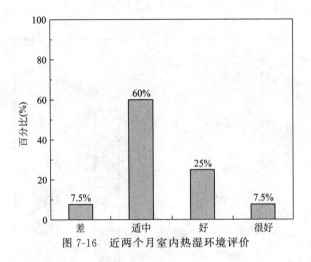

图 7-16　近两个月室内热湿环境评价

7.1.2　夏季不同地域功能房间热湿环境状况

1. 东北地区

2015 年 7 月在东北地区的鞍山、长春两市开展了夏季入户实测调查研究，如图7-17所示，室内平均温度在 27.8～30.1℃之间，相对湿度在 42%～63%之间，从住户的调查问卷分析中得知，室内热感觉良好，且住户均使用其他降温设备，如空调、电扇等。在各功能房间相对湿度分布中，仍然是卫生间最高，与冬季实测调查结果相同，而厨房的平均温度分布与冬季恰好相反，在四类功能房间中最高。

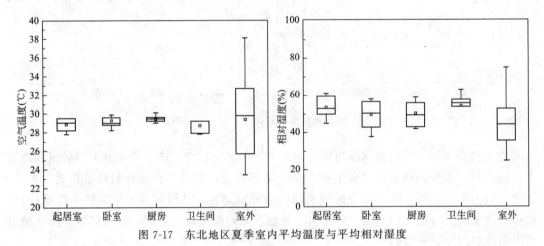

图 7-17　东北地区夏季室内平均温度与平均相对湿度

2. 西部地区

2014 年 7 月～8 月和 2018 年 7 月，在西安、重庆、贵阳开展西部地区夏季实测调查，共计 45 户。通过对 2014 年三城市（西安、重庆、贵阳）的室内热舒适性分析，发现 PMV 范围均处于−0.5～0.5 之间，如图 7-18 所示，西安和重庆的 PMV>0，均感觉偏热，贵阳的 PMV<0，感觉偏冷。三城市 PPD 从高到低依次是重庆>西安>贵阳，从居室百分比大小可以看出，厨房>起居室>卧室，如图 7-19 所示，对厨房不满意率普遍最高，对卧室不满意率最低，对起居室不满意率处于中间。

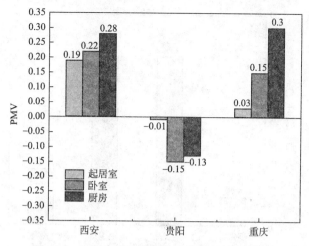

图 7-18　西部地区不同城市功能房间 PMV 均值

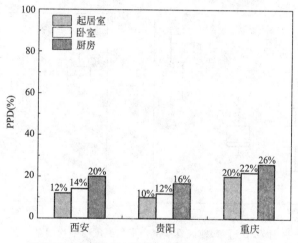

图 7-19　西部地区不同城市功能房间 PPD 比较

通过对 2015 年夏季开展的入户实测调查问卷统计分析，可知西部地区夏季温度为 27.47 ±2.56℃，相对湿度为 65.74±12.16%。但三个城市的热湿气候特点不同，西安市温度略高，较为干旱，其温度为 29.53±1.80℃，相对湿度为 53.57±5.48%；重庆市温度为 26.37 ±3.16℃，相对湿度为 71.27±14.01%；成都市温度为 26.72±1.01℃，相对湿度为 71.34± 3.23%。测试过程中有 43.75% 的家庭开启了空调。图 7-20 为对问卷中的问题"您在夏天常因降温措施无效感到热吗"所做的统计。图 7-21 表明，西部内陆地区夏季室内温度较高，且室内相对湿度较大，最大均值达 87%，室内湿热、潮闷现象较为显著。

东北地区夏季室内温度也在 29℃ 以上，西部地区略低于东北地区，这主要受地域气候影响，重庆、贵阳多山区，因而整体热舒适性较好，而西安为黄土高原地带，室内温度也较高，整体看来夏季各地区室内均呈现出闷热现象。

3. 东部地区

2013 年 3 月在上海市开展了入户实测调查，共计 30 户。考虑到季节因素，实测过程中主要针对卧室的温湿度进行了 24h 连续记录，同时考虑居民生活习惯，只有夜间睡

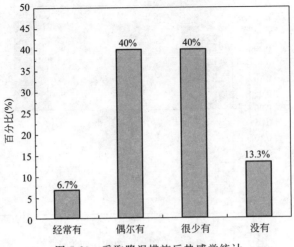

图 7-20　采取降温措施后热感觉统计

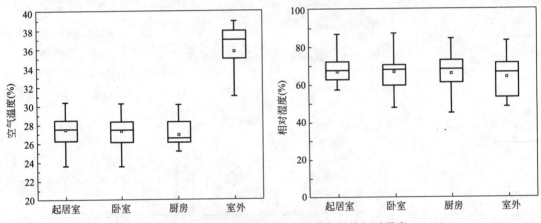

图 7-21　西部地区夏季室内平均温度与平均相对湿度

觉时才会长时间处于卧室内，因此截取 20：00PM～07：00AM（次日）的数据进行分析。测量期间，室外温度变化范围为 11～24℃。图 7-22 可见，各住户卧室的温度和相对湿度整体比较接近，温度在 20℃左右波动，相对湿度变化范围为 40％～70％，在测

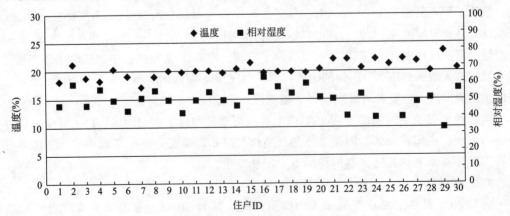

图 7-22　东部地区过渡季夜间卧室温湿度测量结果

量期间，住宅内的热湿环境满足住宅热舒适的要求。针对热湿环境调查发现，98％的人对其家庭室温感到舒适，79％的人表示室内湿度适中，表明被调查住宅的热湿环境良好。

7.2 空气污染物

7.2.1 东北集中供暖地区室内空气污染特征

1. CO_2

空气环境测试主要针对起居室、卧室和厨房三类功能房间，如图 7-23 所示，供暖期间，室内各功能房间 CO_2 浓度基本都超出规范限定的 1000ppm，且供暖末期室内整体浓度高于供暖期，供暖末期起居室、卧室、厨房的 CO_2 浓度均值分别为 1245ppm，1250ppm 和 1204ppm，而供暖期的均值则分别为 1031ppm，1097ppm 和 935ppm。两段时间平均差值约为 200ppm，这主要是受住户开窗频率影响，供暖末期室内整体供暖性能较差，且室外温度较低，为保证室内较好的热舒适性，住户减少了开窗的次数，而供暖期则正好相反，室内过热现象明显，因而很多住户选择开窗通风，一是为了将室内的污染气体排出室外，二是为了适当降低室内的温度。

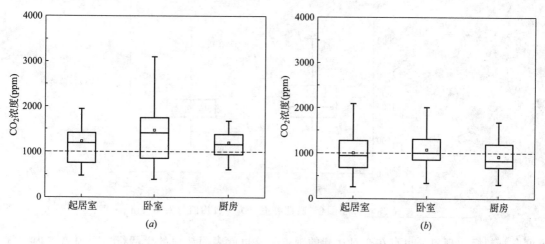

图 7-23 东北地区供暖期间室内各功能房间 CO_2 平均浓度

（a）供暖末期；（b）供暖期

为防止冷空气侵入，住户在供暖期夜间睡眠期间均会将外窗关闭，但我国居住建筑室内基本没有新风换气设备，因而会导致夜间 CO_2 浓度急剧上升，如图 7-24 和图 7-25 所示，卧室室内最大值可达 5500ppm 左右，超标约 5.5 倍，严重影响人的睡眠质量和身体健康，图 7-25 表明卧室的全日均值和夜间均值（22：00～06：00）基本无差异，这也就表明住户在日间外窗开启的次数也偏少，住户的生活行为与问卷调查结果较为一致。

如图 7-26 所示，在住户的 CO_2 超标时段统计中可以发现，部分住户存在室内 CO_2 浓

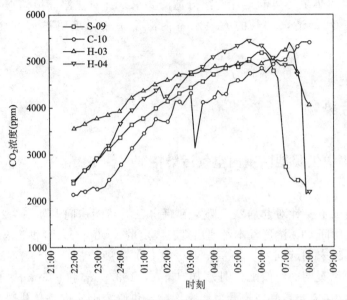

图 7-24　东北地区供暖期典型住户卧室夜间 CO_2 浓度变化曲线

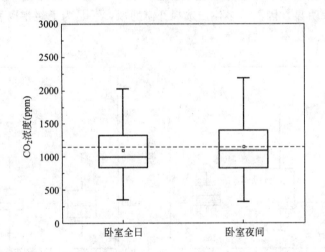

图 7-25　东北地区供暖期卧室 CO_2 全日均值与夜间均值

度全日超标的现象，也存在全日达标的现象，这也就表明住户的生活行为习惯是室内空气环境的主要影响因素。而超标时段也均在夜间睡眠期间（22：00～06：00）和烹饪用餐时间段（11：00～13：00，17：00～18：00）。

对实测调查中某典型住户室内 CO_2 浓度变化趋势进行分析，如图 7-27 所示，虽然从前面分析得知厨房较其他功能房间 CO_2 浓度最低，但是其最大峰值却是室内最高的，尤其是在特定的烹饪时刻。通过对供暖期的 45 户室内最大峰值的分析，可知起居室、卧室和厨房出现峰值的概率分别为 24.4％、28.9％和 46.7％，如图 7-28 所示，起居室的峰值高于其他两类功能房间，通过对住户生活行为和户型的分析得知，起居室峰值主要受人员聚集、抽烟和室内聚餐等因素的影响。

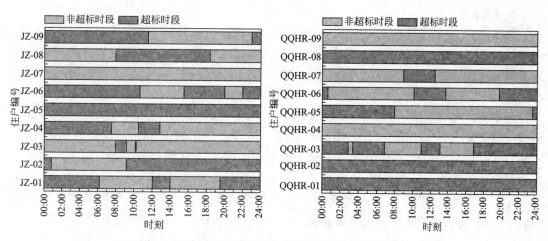

图 7-26　东北地区供暖期卧室夜间 CO_2 超标时段统计

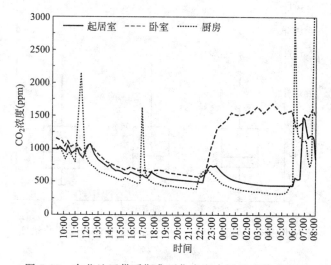

图 7-27　东北地区供暖期典型住户室内 CO_2 变化趋势图

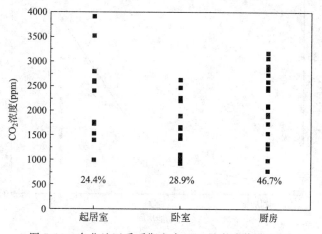

图 7-28　东北地区采暖期室内 CO_2 最大峰值分布图

2. PM2.5

如图 7-29 所示，对测试住户室内各功能房间 PM2.5 浓度全日均值进行统计，测试期间测试人员不再进入测试现场，以免造成对测试数据的干扰，但由于部分用户的误拔电源导致测试数据丢失，供暖期有效测试数据为 43 户，其中室内三个功能房间均超出我国现行的 PM2.5 标准（$75\mu g/m^3$）达到了 7 户，占总户数比例为 16.3％。与 CO_2 平均浓度分布有所不同，各功能房间的 PM2.5 浓度超标率基本一致，均为 16.3％左右，住户全日室内瞬时峰值最大为 $405\mu g/m^3$，其中峰值超过 $75\mu g/m^3$ 的比例占 93％。对室内 PM2.5 最大峰值在起居室、卧室、厨房的分布情况进行统计分析，其比例分别为 7％、13.9％和 79.1％，如图 7-30 所示，厨房是出现峰值的高频区域，但其最大峰值与起居室、卧室相比较小，因而室内 PM2.5 的控制源头主要为厨房，但是起居室、卧室的某些生活行为（如抽烟等）也会造成极大的峰值暴露风险，因此也应当得到一定的控制。

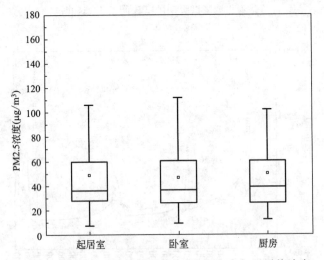

图 7-29　东北地区供暖期室内各功能房间 PM2.5 平均浓度

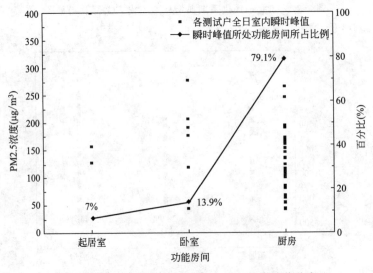

图 7-30　东北地区采暖期室内 PM2.5 最大峰值分布

对 PM2.5 浓度全日内具有明显波动的测试户（共计 40 户）的各功能房间数据进行统计分析，如图 7-31 所示，计算其短时间内（5min 内）PM2.5 浓度增量和增长百分比，最大增长量为 $396.6\mu g/m^3$，其中增量大于 $100\mu g/m^3$ 的住户占 30%，大于 $75\mu g/m^3$ 的住户占 55%，最大增长比为 1416%，增长比超过 100% 的住户占 75%。

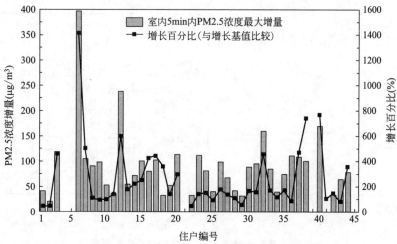

图 7-31 供暖期室内 PM2.5 浓度瞬时增量及增长比分析

3. 甲醛与 TVOC

考虑到甲醛与 TVOC 的污染源特性，主要以起居室和卧室作为调查对象，如图 7-32 所示。由于公众对装修材料的环保意识增强以及行业监管力度加大，入户实测调查发现甲醛浓度均未超过国家标准限值，达标率达 100%。75 户被调查家庭起居室、卧室和厨房 TVOC 浓度平均达标率分别为 94.7%、94.7% 和 93.3%。这也表明传统的化学类污染物已可能不再是我国住宅建筑内影响室内空气品质的主要因素。

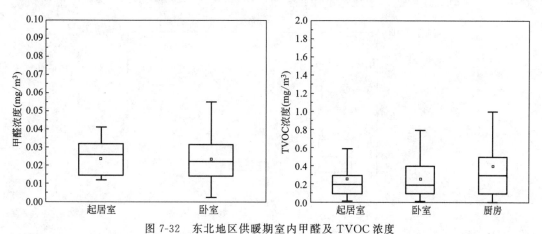

图 7-32 东北地区供暖期室内甲醛及 TVOC 浓度

7.2.2 南方典型城市室内空气污染特征

1. CO₂

南方典型地区主要划分为西部地区（重庆、成都、西安、贵阳）和东部沿海地区（上海）。如图 7-33 所示，室内各功能房间 CO_2 浓度均在标准限值以内，冬季均值在 612～776ppm 左右，夏季在 597～611ppm 左右，这主要与住户良好的通风习惯有关。整体呈现趋势为卧室＞厨房＞起居室，这表明该地区居住建筑室内人员活动对室内的 CO_2 浓度影响较大。

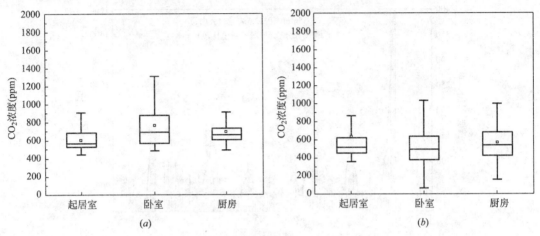

图 7-33 西部地区冬夏季室内 CO_2 平均浓度分布

（a）冬季；（b）夏季

在 2015 年夏季测试的 15 户家庭中，CO_2 浓度平均为 545.83±227.73ppm。其中，重庆市的 CO_2 浓度为 554.39±209.33ppm，成都市的 CO_2 浓度为 546.38±281.25ppm，西安市的 CO_2 浓度为 536.15±201.14ppm。客厅和卧室的 24h CO_2 平均浓度均不超标，厨房有两户超标，超标率为 13.33%。在对 CO_2 浓度分析时得出，不同城市卧室的 24h 平均浓度存在显著性差异（Sig＝0.000＜0.05），如图 7-34 所示，重庆市被测试的家庭卧室 CO_2 的 24h 平均浓度要远高于成都市和西安市。

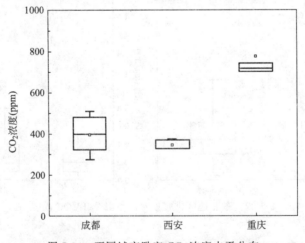

图 7-34 不同城市卧室 CO_2 浓度水平分布

在东部沿海地区上海市选取 30 户具有儿童居住的卧室进行 CO_2 浓度 24h 连续测试，截取 20：00PM～07：00AM 的数据进行分析。因为仪器数量限制，只测量其中 20 个住户

的卧室 CO_2 浓度，另有1户数据记录出现异常，最后得到19个住户的测量数据，结果如图7-35所示。只有21％（4户）的住户卧室 CO_2 浓度整晚平均值低于1000ppm，符合《室内空气质量标准》GB/T 18883-2002的要求；38％的住户卧室 CO_2 浓度整晚平均值低于1500ppm；79％的住户卧室 CO_2 浓度整晚平均值低于2000ppm；95％的住户卧室 CO_2 浓度整晚平均值低于2500ppm。卧室整晚 CO_2 浓度平均值最高和最低的分别是住户30和住户7，但是住户9的 CO_2 浓度变化范围较大，且出现最高浓度5000ppm。对住户的回访中发现，4月份处于过渡季节，昼夜温差较大，因而夜间住户均会将门窗关闭，室内通风换气较差，从而导致了 CO_2 浓度的累积增高。

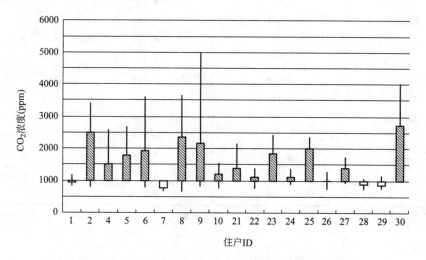

图 7-35 上海市典型住户夜间卧室二氧化碳测量结果

2. PM2.5

上海市30户住宅室内测试结果如表7-1所示，只有住户2的三个测点、住户1的厨房、住户3的儿童卧室和住户5的客厅的PM2.5浓度达到二级标准（75μg/m³）要求，其余均严重超标，PM2.5污染问题严重。图7-36表明，各功能房间PM2.5无显著性差异，这也与颗粒物污染的特性有关。

上海市 PM2.5 测量结果   表 7-1

住户 ID	客厅（mg/m³）	儿童卧室（mg/m³）	厨房（mg/m³）
1	**0.104**	**0.082**	0.069
2	0.047	0.047	0.048
3	**0.083**	0.071	**0.102**
4	**0.096**	**0.090**	**0.087**
5	0.062	**0.083**	**0.081**
6	**0.090**	**0.088**	**0.097**
7	**0.132**	**0.142**	**0.140**
8	**0.130**	**0.124**	**0.131**
9	**0.138**	**0.139**	**0.133**
10	**0.108**	**0.113**	**0.107**
11	**0.088**	**0.097**	**0.180**
12	**0.194**	**0.196**	**0.207**
13	**0.081**	**0.088**	**0.083**

住户 ID	客厅（mg/m³）	儿童卧室（mg/m³）	厨房（mg/m³）
14	0.086	0.088	0.088
15	0.089	0.094	0.088
16	0.095	0.094	0.103
17	0.198	0.204	0.196
18	0.217	0.209	0.213
19	0.101	0.098	0.089
20	0.174	0.163	0.163
21	0.311	0.300	0.311
22	0.298	0.289	0.286
23	0.199	0.195	0.215
24	0.249	0.269	0.267
25	0.228	0.228	0.229
26	0.241	0.230	0.228
27	0.228	0.213	0.208
28	0.190	0.186	0.182
29	0.166	0.163	0.166
30	0.139	0.133	0.125

注：《环境空气质量标准》GB 3095-2012 规定 PM2.5 浓度的标准限值：一级为 0.035mg/m³，二级为 0.075mg/m³。

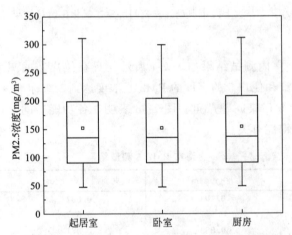

图 7-36　上海市测试住户室内各功能房间 PM2.5 浓度分布

3. 甲醛和苯系物

表 7-2 给出了上海市被调查住户中甲醛、苯、甲苯、二甲苯的测量值和标准值。可以看到，被调查的 30 户住宅中，只有 1 户甲醛超出国家标准限值。所有住户甲醛浓度均超过 0.05mg/m³，0.06mg/m³ 以上的住户占 87%，0.07mg/m³ 以上的住户占 60%，0.08mg/m³ 以上的住户占 23%。被调查的 30 户住宅中，未发现苯系物超标。苯系物中浓度最高的为甲苯，最低的为苯。被调查儿童卧室中浓度最高的为甲苯或甲醛，各占 50%。

所有被调查住宅中含量最低的均为苯。

甲醛和苯系物测量结果

表 7-2

住户编号	甲醛（mg/m³）	苯（mg/m³）	甲苯（mg/m³）	二甲苯（mg/m³）
标准限值	0.100	0.110	0.200	0.200
1	0.059	0.010	0.063	0.029
2	0.072	0.004	0.034	0.015
3	0.067	0.000	0.028	0.012
4	0.080	0.006	0.054	0.020
5	0.068	0.009	0.069	0.032
6	0.063	0.002	0.035	0.009
7	0.058	0.016	0.103	0.039
8	0.072	0.011	0.067	0.030
9	0.059	0.003	0.016	0.011
10	0.064	0.000	0.050	0.035
11	0.063	0.014	0.090	0.035
12	0.071	0.008	0.073	0.027
13	0.067	0.000	0.000	0.005
14	0.062	0.000	0.000	0.005
15	0.071	0.000	0.003	0.004
16	0.115	0.000	0.067	0.029
17	0.083	0.000	0.102	0.080
18	0.077	0.000	0.079	0.030
19	0.074	0.010	0.077	0.038
20	0.069	0.009	0.057	0.039
21	0.082	0.010	0.114	0.039
22	0.072	0.007	0.042	0.024
23	0.077	0.011	0.120	0.040
24	0.087	0.008	0.117	0.032
25	0.084	0.015	0.102	0.055
26	0.056	0.000	0.050	0.020
27	0.073	0.009	0.073	0.040
28	0.089	0.000	0.015	0.012
29	0.070	0.000	0.103	0.037
30	0.071	0.012	0.096	0.048

　　考虑到此类化学性污染物的挥发与室内通风和空气温度等有关，因而针对冬季和夏季的分析是很有必要的。冬季室内通风较差，容易导致污染物浓度的累积，而夏季温度较高，会增强家具、装修装饰材料的有害污染物挥发。如图 7-37 所示，夏季甲醛浓度高于

冬季，冬季室内甲醛浓度超标率为 0，夏季室内各功能房间超标率约为 10%，且从数据分析得知，室内各功能房间甲醛浓度超标并无密切的关联性，这也就表明室内甲醛的污染源是影响甲醛浓度的主要因素，通过空气的传播而交叉影响的程度较小。除了夏季室内温度高于冬季从而造成甲醛挥发加强以外，室内新的装修装饰材料也是主要因素，住户是否为新建建筑和室内使用新的装修装饰材料，也是重要的影响因素，后面章节会详细论述此类影响因素的影响程度。

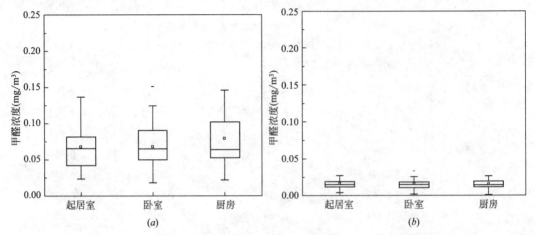

图 7-37 西部地区冬夏季室内各功能房间甲醛浓度分布
（a）夏季；（b）冬季

　　冬季调研结果显示，重庆市被调查住户的苯浓度平均为 $0.00888 \pm 0.01694 mg/m^3$，超标率为 0.7%。图 7-38 为不同居室苯浓度的误差条形图，取 95% 的置信区间。不同居室苯平均浓度不同，厨房为 $0.01104 \pm 0.01994 mg/m^3$，客厅为 $0.00895 \pm 0.01930 mg/m^3$，卧室为 $0.00613 \pm 0.00998 mg/m^3$。

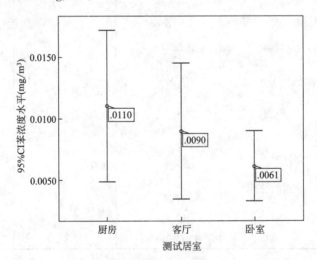

图 7-38 西部地区冬季不同功能房间苯浓度水平分布

　　由图 7-38 也可以看出，苯浓度均值厨房＞客厅＞卧室，在 95% 的置信区间内，从苯浓度的分布范围也可看出，厨房苯浓度最高。此次测试中，厨房超标率为 2%，客厅和卧室均为 0。通过方差分析，不同房间苯并无显著性差异（$P=0.905>0.05$）。

冬季调研结果显示，重庆市被调查住户的甲苯浓度平均为 $0.01839\pm0.01720\text{mg/m}^3$，超标率为 0。不同居室甲苯浓度不同，厨房为 $0.02052\pm0.01856\text{mg/m}^3$，客厅为 $0.01842\pm0.01973\text{mg/m}^3$，卧室为 $0.01491\pm0.01255\text{mg/m}^3$。图 7-39 为不同居室甲苯浓度水平，由图可以看出，甲苯均值存在厨房＞客厅＞卧室的关系。在置信区间为 95％的情况下，各居室甲苯浓度所处水平也是厨房＞客厅＞卧室。通过方差分析，不同房间甲苯，并无显著性差异（$P=0.905>0.05$）。

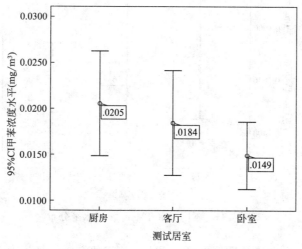

图 7-39 不同居室甲苯浓度水平分布

冬季调研结果显示，重庆市被调查住户的二甲苯浓度平均为 $0.01422\pm0.01000\text{mg/}\text{m}^3$，超标率为 0。不同居室二甲苯浓度不同，厨房为 $0.01479\pm0.01015\text{mg/m}^3$，客厅为 $0.01346\pm0.01008\text{mg/m}^3$，卧室为 $0.01329\pm0.01016\text{mg/m}^3$。当置信区间为 95％时，各居室二甲苯浓度范围如图 7-40 所示。厨房二甲苯浓度均值明显高于客厅和卧室。通过方差分析，不同房间二甲苯浓度并无显著性差异（$P=0.905>0.05$）。

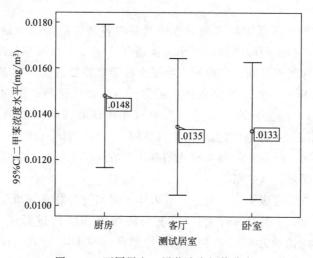

图 7-40 不同居室二甲苯浓度极值分布

冬季调研结果显示，重庆市被调查住户的 TVOC 浓度平均为 0.16658 ± 0.07870mg/m³，超标率为 0。不同居室 TVOC 浓度不同，厨房为 0.16961 ± 0.07950mg/m³，客厅为 0.16374 ± 0.09020mg/m³，卧室为 0.15281 ± 0.06578mg/m³。图 7-41 为置信区间为 95% 时 TVOC 浓度水平比较，由图可知，对于 TVOC 的均值浓度，厨房＞客厅＞卧室。通过方差分析，不同房间 TVOC，并无显著性差异（$P=0.752>0.05$）。

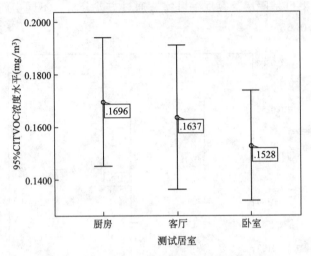

图 7-41　不同居室 TVOC 浓度水平分布

通过对各地区室内空气品质调查可以看出，传统的室内空气污染物甲醛、TVOC 和苯已不再是影响室内空气品质的主要因素，室内的 CO_2 和 PM2.5 已成为危害人体健康的主要因素，而这类污染物大多为室内人员生活行为所产生。改善室内空气品质，提升生活质量，营造健康的室内环境需要适当改变现有的生活方式。

7.3　背景噪声

2014 年在东北地区供暖末期实测调查中对室内各功能房间的背景噪声进行测试，包括日间的背景的噪声和夜间的噪声，每个功能房间均采取多点采样后求均值的方法进行。通过文献调查和问卷调查可知，室内噪声主要来源于室外交通噪声和室内生活噪声。实测调查结果如图 7-42 所示，测试均是在住户正常生活活动下进行，室内整体表现为：厨房＞起居室＞卫生间＞卧室，这主要是因为厨房在测试时开启了抽油烟机，最大值可达 73.8dB，已远超我国相关标准限定的 55dB（日间）。夜间测试（19：00～20：00）结果与日间测试值相差不大，卧室日间和夜间均值基本都在 47dB 左右，虽然能满足人体日间生活要求，却高于夜间限值（45dB）。

考虑到人体自身的适应能力，重点针对人体睡眠期间的卧室环境噪声进行测试，测试时间段选取在 22：00～次日 06：00，对夜间的均值和峰值进行了分析，分析结果如图 7-43 所示，整体均值约为 40dB，但夜间峰值却高达 80dB，这表明住户夜间睡眠期间存在短时间高分贝噪声的影响。

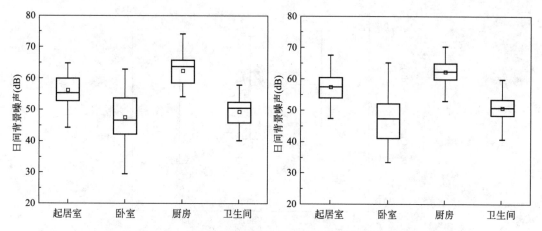

图 7-42　东北地区冬季室内各功能房间背景噪声分布

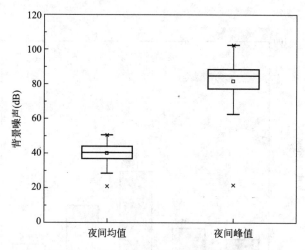

图 7-43　东北地区冬季卧室夜间背景噪声

对重庆市的冬季调研结果显示，卧室、客厅、厨房三个功能房间噪声存在差别，卧室、客厅和厨房的噪声均值分别为 39.5dB、42.8dB 和 43.4dB。卧室的不达标率为 25%，客厅的不达标率为 52.5%，厨房的不达标率为 67.5%。图 7-44 为 95% 的置信区间时各不同居室声环境噪声的水平分布，从图中可以看出，卧室的平均噪声小于厨房和客厅的平均噪声。

图 7-45 为对问卷中的问题"近两年您对室内声环境的评价"所作的统计，测试用户对声环境的满意情况分为 5 个等级，很差、差、适中、好和较好。由图可以看出，25.64% 的用户对声环境感到不满意，74.36% 的用户对声环境感到满意。

考虑到人员休息和睡眠的需要，室内声环境应当处于相关研究推荐的健康范围，不能过低或过高。实测结果显示，在门窗关闭的情况下，日间和夜间室内的背景值相当，但该值不在我国要求的范围以内，会对住户产生一定的干扰。在卧室睡眠期间的测试中可以发现，夜间会有短暂的高噪声影响，但整体水平较好。

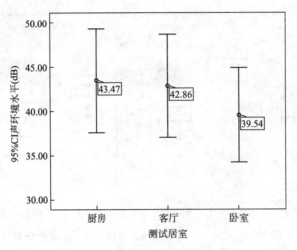

图 7-44　重庆市不同功能房间声环境噪声均值比较

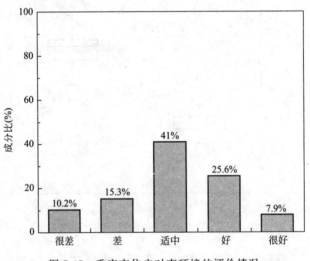

图 7-45　重庆市住户对声环境的评价情况

7.4　自然采光与人工照明

自然采光测试均在上午 9：00～11：00 完成，人工照明均在夜间 19：00～20：00完成，室外天气均为晴朗天气，未有阴天出现。东北地区实测数据如图 7-46 所示，室内起居室、卧室、厨房和卫生间的自然采光照度均值分别为 352.2lx、414.6lx、554.4lx 和 6.6lx，根据我国《建筑采光设计标准》相关限值要求，起居室、卧室、厨房达标率分别为 33.3%、60%、60%，住户整体室内自然采光满足相关标准的要求，但达标率仍有待提交，这主要是考虑到北方地区围护结构保温和节能需要，窗面积较小，卧室和厨房均有直接受益外窗，起居室部分无直接受益外窗，从而导致达标率较低。卫生间在设计时，一般无供暖设备，为维持室内温度并减少室内热量散失，并减少人体洗浴活动时的冷感，因而一般不设置外窗。按照我国《建筑照明设计标准》要求，室内各功能房间人工照明照度均值均不能达到我国现有最低限值要求。厨房的人工照明达标率也仅为20％。通过问卷调查与住户询问得知，室内均有大功率的照明设备，考虑到经济性和使用性等因素，住户一般不会开启此类照明设备，除非在从事特殊生活活动时才会开启。

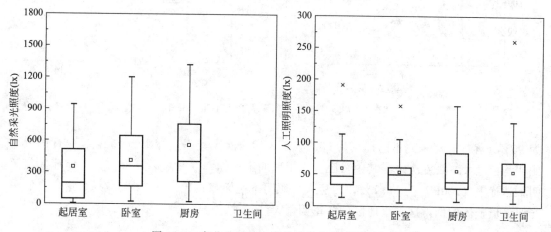

图7-46 东北地区室内自然采光和人工照明分布

南方地区冬夏季差异性较大，冬天阴雨天气较多，而夏季基本为炎热天气。2014年夏季实测调查结果如图7-47所示，西安、贵阳、重庆的自然采光不达标率分别为100％，80％和80％，起居室人工照明的不达标率（100lx）分别为75％，16.7％和100％，卧室人工照明（75lx）的不达标率分别为71.4％，55.6％和88.9％，厨房人工照明（100lx）的不达标率分别为37.5％，0和88.9％。

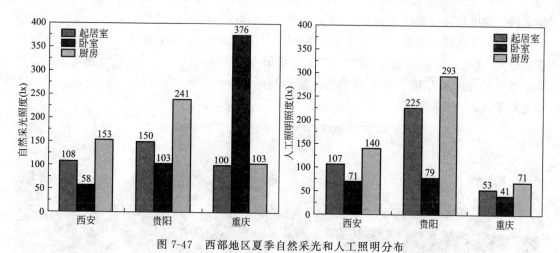

图7-47 西部地区夏季自然采光和人工照明分布

对重庆市的冬季调查结果显示，不同居室自然采光和人工照明均存在差异，图7-48为95％的置信区间下不同居室自然采光照度水平分布，由图可以看出，客厅的自然采光均值最大，卧室次之。且客厅自然采光范围大于卧室和厨房。其中，卧室自然采光不达标率

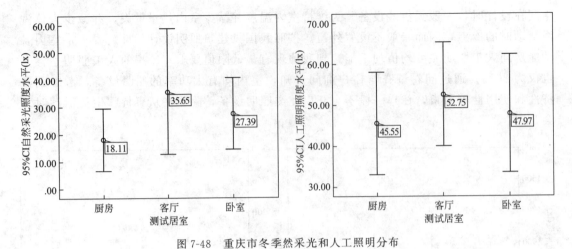

图 7-48　重庆市冬季然采光和人工照明分布

为 95%，客厅自然采光不达标率为 97.5%，厨房自然采光不达标率为 100%。客厅的人工照明均值最大，卧室次之。其中，卧室人工照明不达标率（75lx）为 86.7%，客厅人工照明不达标率（100lx）为 86.7%，厨房人工照明不达标率（100lx）为 86.7%。室内自然采光照度值整体偏低，这与该地区的冬季阴雨天气有关。

7.5　电磁辐射环境

在国外的健康住宅研究中，也提出了对于室内电磁辐射环境的规定，我国现在使用的是《电磁辐射防护规定》GB 8702-1988，其中规定公众照射 0.1～3MHz 的电场强度限值为 40V/m，磁场强度为 0.1A/m（换算为 0.1T）。现场实测图如图 7-49 所示，室内各功能房间工频电场强度和磁场强度如图 7-50 所示，都远远低于我国规范限值。对室内电器如微波炉、无线路由器和电磁炉等进行测试，实测结果如图 7-51 所示，发现电磁炉辐射强度最大（64.97V/m），对电磁炉的产品规格调查发现，其均符合行业相关规定，但使用年限均较长，最多达 10 年，电磁炉电池辐射超标住户中均具有使用年限较长等特点。实测发现电器的电磁辐射强度与使用年限存在一定的关联性。

图 7-49　室内电磁辐射环境现场测试图

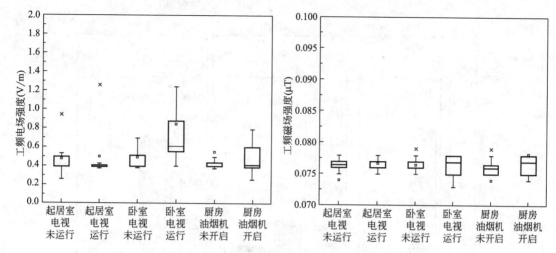

图 7-50 室内各功能房间工频电磁辐射强度

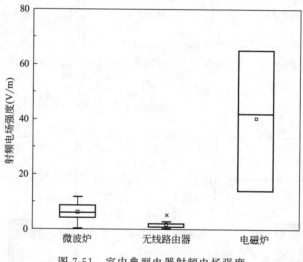

图 7-51 室内典型电器射频电场强度

　　室内电磁辐射污染主要受室外高辐射源和室内电器影响，整体水平均大大低于国家推荐的安全阈值，在小区规划时已规避了室外的影响，而室内电器也均受到国内行业标准的限制，年限较久电磁炉等电器在使用时会产生高强度的辐射效应。

7.6 霉菌

　　2014 年夏季的入户测试中，除对建筑热湿环境、化学环境、声环境和光环境进行检测外，还进行了霉菌培养实验，以了解用户家庭的生物环境。以西安和重庆为例，西安和重庆被调查住户中菌落总数均值分别为 540cfu/m³ 和 430cfu/m³，如图 7-52 所示，超标率为 0，霉菌均值分别为 235cfu/m³ 和 46cfu/m³，也均低于我国相关标准限值，如图 7-52 和 7-53 所示。重庆被调查住户中菌落总数和霉菌分布较为集中，且明显低于西安。

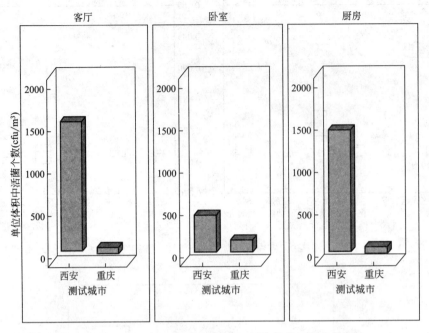

图 7-52　西部地区夏季不同城市不同功能房间菌落总数

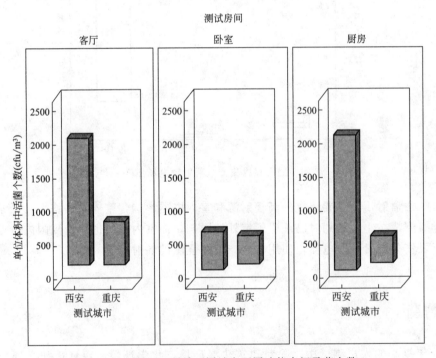

图 7-53　西部地区夏季不同城市不同功能房间霉菌个数

第8章 建筑布局、生活方式与健康风险关联性研究

8.1 建筑布局对室内环境健康性能的影响

8.1.1 污染物与周边环境相关性分析

2014 年对重庆市开展了冬季的实测调查，分析建筑周边环境对不同房间的不同污染物水平影响程度，通过方差分析和 Mann-Whitney 检验分析发现，在对住宅种类、住宅位置和住宅附近是否有停车场的分析中，仅客厅的二甲苯在住宅位置表现出显著性差异（$P=0.040<0.05$），客厅和卧室的 TVOC 在住宅位置表现出相关性，其他污染物并未表现出明显的显著性差异，其可能原因在于分类后个别分类个案少，得到的信息量不够充分。TVOC、苯、甲苯等污染物在室外空气污染情况（200m 以内）表现出显著性差异（$P<0.05$）。进一步分析得出，建筑周边环境对客厅和卧室的影响比对厨房的影响大，原因有两个：一是由于客厅和卧室窗墙比相对于厨房要大，为了便于采光和通风，客厅和卧室开窗面积比厨房开窗面积大，导致室外污染物通过空气流动进入室内；二是由于在住宅设计时，厨房位于室内角落，与室外接触面少，客厅和卧室外墙接触面多，室内污染物进入的可能性更大，具体分析结果可以参考表 8-1 和表 8-2。

重庆市住宅不同建筑周边环境污染物检测结果　　表 8-1

房间	住宅种类（单户/多户）			住宅位置（市区/郊区）			附近是否有停车场（是/否）		
	检测数	Sig 值	均值	检测数	Sig 值	均值	检测数	Sig 值	均值
甲醛（mg/m³）									
客厅	1/45	0.698	0.1334/0.163	42/4	0.561	0.0164/0.0142	5/25	0.766	0.0147/0.0156
卧室	1/45	0.840	0.0166/0.0152	42/4	0.057	0.0158/0.0091	5/25	0.469	0.0170/0.0146
厨房	1/45	0.974	0.0159/0.0156	42/4	0.052	0.0163/0.0089	5/25	0.704	0.0141/0.0132
二甲苯（mg/m³）									
客厅	1/45	0.236	0.0021/0.0143	42/4	**0.040**	0.0150/0.0042	5/25	0.601	0.0104/0.0128
卧室	1/45	0.260	0.0024/0.0141	42/4	0.061	0.0147/0.0048	5/25	0.976	0.0121/0.0120
厨房	1/45	0.150	0.0293/0.0144	42/4	0.813	0.0149/0.0136	5/25	0.317	0.0095/0.0150
苯（mg/m³）									
客厅	1/45	0.630	0.0000/0.0095	42/4	0.621	0.0098/0.0047	5/25	0.764	0.0048/0.0070
卧室	1/45	0.523	0.0000/0.0065	42/4	0.976	0.0064/0.0065	5/25	0.780	0.0071/0.0057
厨房	1/45	0.955	0.0122/0.0110	42/4	0.687	0.0106/0.0149	5/25	0.598	0.0062/0.0121

续表

房间	住宅种类（单户/多户）			住宅位置（市区/郊区）			附近是否有停车场（是/否）		
	检测数	Sig 值	均值	检测数	Sig 值	均值	检测数	Sig 值	均值
甲苯（mg/m³）									
客厅	1/45	0.334	0.0001/0.0196	42/4	0.175	0.0204/0.0064	5/25	0.739	0.0130/0.0155
卧室	1/45	0.257	0.0014/0.0159	42/4	0.125	0.0164/0.0063	5/25	0.908	0.1333/0.0141
厨房	1/45	0.598	0.0304/0.0203	42/4	0.967	0.0206/0.0202	5/25	0.483	0.0140/0.0211
TVOC（mg/m³）									
客厅	1/45	0.333	0.0836/0.1728	42/4	**0.000**	0.1782/0.0942	5/25	0.343	0.1254/0.1663
卧室	1/45	0.199	0.0753/0.1613	42/4	**0.000**	0.1652/0.0992	5/25	0.955	0.1617/0.1596
厨房	1/45	0.329	0.2473/0.1678	42/4	0.563	0.1719/0.1473	5/25	0.312	0.1348/0.1797
PM2.5（μg/m³）									
厨房	1/38	0.785	113.8/102.0	37/2	0.536	101.4/120.5	3/19	0.936	92.87/91.94

重庆市住宅不同建筑周边环境污染物检测结果　　　　　　　　表 8-2

房间	室外空气污染情况（200m 以内）								
	靠近主干道或高速公路（是/否）			靠近一般公路（是/否）			靠近工厂（是/否）		
	检测数	Sig 值	均值	检测数	Sig 值	均值	检测数	Sig 值	均值
甲醛（mg/m³）									
客厅	15/30	0.417	0.0169/0.0160	15/30	0.801	0.0150/0.0170	2/43	0.190	0.0177/0.0163
卧室	14/30	0.960	0.0166/0.0155	15/29	0.956	0.0140/0.0168	2/42	0.821	0.0293/0.0152
厨房	14/29	0.957	0.0137/0.0175	14/29	0.181	0.0186/0.0151	2/41	0.301	0.0191/0.0161
二甲苯（mg/m³）									
客厅	14/29	0.504	0.0152/0.0144	14/29	0.325	0.0135/0.0152	2/41	0.130	0.0298/0.0139
卧室	14/29	0.623	0.0141/0.0146	14/29	0.498	0.0126/0.0153	2/41	0.712	0.0261/0.0139
厨房	13/27	0.402	0.0153/0.0152	12/28	0.852	0.0159/0.0150	2/38	0.375	0.0134/0.0154
苯（mg/m³）									
客厅	14/29	0.549	0.0074/0.0106	14/29	0.064	0.0059/0.0113	2/41	0.048	0.0513/0.0075
卧室	14/29	0.359	0.0054/0.0066	14/29	0.116	0.0049/0.0069	2/41	0.652	0.0369/0.0047
厨房	13/27	0.245	0.0108/0.0106	12/28	0.541	0.0106/0.0107	2/38	0.836	0.0196/0.0102
甲苯（mg/m³）									
客厅	14/29	0.495	0.0234/0.0183	14/29	0.111	0.0157/0.0220	2/41	0.380	0.0467/0.0187
卧室	14/29	0.093	0.0207/0.0139	14/29	0.060	0.0129/0.0176	2/41	0.058	0.0362/0.0151
厨房	13/27	**0.048**	0.0238/0.0194	12/28	0.376	0.0203/0.021	2/38	0.444	0.0212/0.0208
TVOC（mg/m³）									
客厅	14/29	0.253	0.1967/0.1660	14/29	**0.038**	0.1555/0.1858	2/41	0.624	0.2388/0.1729
卧室	14/29	**0.033**	0.1860/0.1522	14/29	**0.039**	0.1527/0.1681	2/41	0.072	0.2185/0.1604
厨房	13/27	0.033	0.1916/0.1652	12/28	0.258	0.1574/0.1808	2/38	0.258	0.1540/0.1748
PM2.5（μg/m³）									
厨房	14/26	0.082	95.300/102.581	12/28	0.158	95.666/101.907	2/38	0.722	114.30/99.2842

图 8-1 表示在住宅所处地理位置不同时，表现出显著性差异的污染物在 95％的置信区间下的浓度分布情况，由图可以看出，市区中的住户客厅的二甲苯，客厅和卧室的 TVOC 浓度均高于郊区的住户。

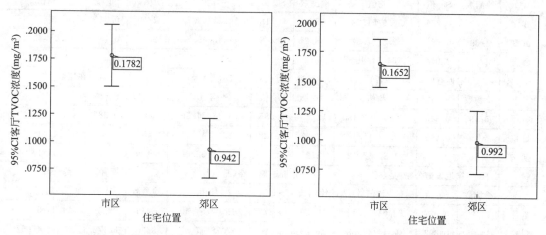

图 8-1　不同地理位置住户的客厅和卧室二甲苯、TVOC 污染物浓度分布

图 8-2 为建筑是否靠近主干道或高速公路时，表现出显著性的厨房甲苯和卧室 TVOC 的浓度分布。靠近主干道或高速公路的住户，其厨房甲苯和卧室 TVOC 均值均高于不靠近主干道或高速公路的住户。

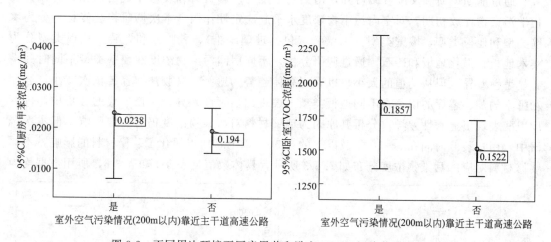

图 8-2　不同周边环境下厨房甲苯和卧室 TVOC 污染物浓度分布

建筑周边环境对不同房间的声环境水平影响程度不同，这里主要对建筑种类、住宅位置、公寓所在层数、住宅附近是否有停车场、加油站、公路等进行分析，采用方差分析发现，除了厨房声环境在住宅种类上存在显著性差异（$p=0.014<0.05$），各居室声环境并未表现出明显的显著性差异，但对住宅分类后个别分类很少，其代表性有待验证。而其他因素体现出显著性的原因也可能是由于此原因导致的。此外，客厅的声环境受室外空气污染情况（200m 以内）靠近偏僻公路和工厂的影响较为显著。具体分析结果可以参考表8-3。

重庆市住宅建筑周边环境对声环境的影响分析　　　表 8-3

房间	背景噪音均值(dB)								
	住宅种类(单户/多户)			住宅位置(市区/郊区)			住宅附近有加油站(是/否)		
	检测数	Sig 值	均值	检测数	Sig 值	均值	检测数	Sig 值	均值
客厅	1/39	0.286	56.9/51.29	38/2	0.518	51.31/53.75	2/19	0.846	51.25/51.95
卧室	1/39	0.325	52.5/47.32	38/2	0.868	47.48/46.85	2/19	0.780	49.05/48.04
厨房	1/39	0.014	64/51.86	38/2	0.162	51.91/57	2/19	0.566	54.65/52.25
	附近有停车场(是/否)			靠近干道或高速公路(是/否)			公寓所在层数		
	检测数	Sig 值	均值	检测数	Sig 值	均值	检测数	Sig 值	均值
客厅	5/19	0.815	52.04/51.48	12/27	0.085	51.13/51.59	40	0.382	51.43
卧室	5/19	0.559	48.86/47.48	12/27	0.488	48.28/47.31	40	0.473	47.45
厨房	5/19	0.945	51.82/52.02	12/27	0.742	51.68/52.47	40	0.454	52.17
	靠近偏僻公路(是/否)			靠近一般公路(是/否)			附近有工厂(是/否)		
	检测数	Sig 值	均值	检测数	Sig 值	均值	检测数	Sig 值	均值
客厅	14/25	0.037	52.01/51.14	10/29	0.872	51.02/51.60	3/36	0.039	49.25/51.57
卧室	14/25	0.893	47.14/47.88	10/29	0.790	47.72/47.57	3/36	0.173	46.45/47.67
厨房	14/25	0.609	53.71/51.78	10/29	0.602	51.90/52.33	3/36	0.120	47.65/52.47

8.1.2　污染物与污染源源强相关性分析

　　通过前期调研和文献查阅可知，污染物浓度与装修材料和装修年代密切相关，尤其在化学污染物释放初期，对室内污染物浓度水平起决定性作用。本次调研将装修材料分为墙壁类型和地板类型，墙壁类型分为壁纸（包括玻璃纤维）、乳胶漆和瓷砖，地板类型分为实木地板、强化地板和砖石。通过调研分析，不同房间污染物浓度在墙壁类型不同时并没有显著性差异，但从均值的大小可以看到总体趋势为壁纸—乳胶漆—瓷砖依次减小；客厅和卧室的苯、客厅的甲苯在不同地板类型上表现出显著性差异；装修年代的分析中，仅客厅甲醛表现出显著性差异，分析其原因为墙壁材料对污染物浓度仍有一定影响。但本次调研中，用户装修时间在 5～10 年及以上的占 50% 以上，所以弱化了装修材料的影响。不同装修材料对应的污染物浓度分布如图 8-3 所示，具体数值见表 8-4 和表 8-6，所用数据均为

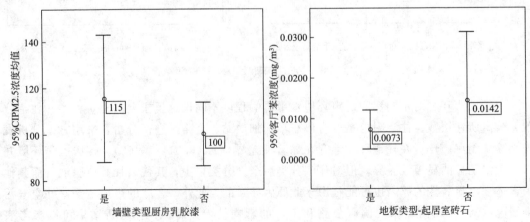

图 8-3　重庆市不同装修材料时污染物浓度分布

2014～2015 年重庆市冬季实测数据。

8.1.3　室内各功能房间污染物交叉影响

室内开窗通风能够有效地将室内污染物排出室外，而当外窗关闭时，室内污染物便会在各功能房间之间交叉传播，特别是在东北地区冬季供暖期间，这种情况更为明显。在调查中发现，除卧室夜间睡眠时和卫生间洗浴时，室内各功能房间基本处于连通状态，如图 8-4 所示，室内各功能房间 CO_2 变化趋势极为相近，线性回归分析 R^2 约为 0.8（Sig＝0），从表 8-7 的数据分析中可知，66.7％的住户卧室与厨房的 CO_2 浓度存在显著的相关性（$R^2 > 0.5$），在存在显著相关性的住户中厨房有烹饪的占到 86.7％，这也就说明厨房在烹饪状态下，CO_2 等气体污染物会迅速扩散到其他房间中，除了受气体传播的特性影响，住户厨房布置和烹饪习惯也会对其产生影响。如图 8-5 所示，部分住户会使用开敞式厨房，对烹饪产生的污染物没有采取隔绝措施，在对住户的生活行为调查中，也很少有住户在烹饪时将厨房内门关闭，因而引起了其他功能房间空气污染。

1. 装修材料

重庆市住宅不同建筑周边环境污染物检测结果（1）

表 8-4

房间	墙壁类型壁纸（是/否）			墙壁类型乳胶漆（是/否）			墙壁类型瓷砖（仅厨房有）（是/否）		
	检测数	Sig 值	均值	检测数	Sig 值	均值	检测数	Sig 值	均值
甲醛（mg/m³）									
客厅	17/31	0.681	0.0151/0.0168	31/17	0.681	0.0168/0.0151	—	—	—
卧室	17/26	0.807	0.0150/0.0157	26/17	0.807	0.7000/0.0150	—	—	—
厨房	—	—	—	2/43	0.408	0.0222/0.0151	43/2	0.408	0.0151/0.0222
二甲苯（mg/m³）									
客厅	17/29	0.656	0.0131/0.0146	29/17	0.656	0.0146/0.0131	—	—	—
卧室	17/25	0.984	0.0124/0.0137	25/17	0.984	0.0137/0.0124	—	—	—
厨房	—	—	—	2/41	0.772	0.0139/0.0148	41/2	0.772	0.0148/0.0139
苯（mg/m³）									
客厅	17/29	0.596	0.0085/0.0098	29/17	0.596	0.0098/0.0085	—	—	—
卧室	17/25	0.947	0.0064/0.0068	25/17	0.947	0.0068/0.0064	—	—	—
厨房	—	—	—	2/41	0.382	0.0018/0.0115	41/2	0.382	0.0115/0.0018
甲苯（mg/m³）									
客厅	17/29	0.836	0.0195/0.0191	29/17	0.836	0.0191/0.0196	—	—	—
卧室	17/25	0.517	0.0151/0.0165	25/17	0.517	0.0165/0.0151	—	—	—
厨房	—	—	—	2/41	0.400	0.0166/0.0207	41/2	0.400	0.0207/0.0166
TVOC（mg/m³）									
客厅	17/29	0.707	0.1637/0.1750	29/17	0.707	0.1750/0.1637	—	—	—
卧室	17/25	0.544	0.1478/0.1746	25/17	0.544	0.1746/0.1478	—	—	—
厨房	—	—	—	2/41	0.971	0.1761/0.1693	41/2	0.971	0.1693/0.1761
PM2.5（μg/m³）									
厨房	—	—	—	3/40	0.027	115.3333/99.9550	40/3	0.027	99.9550/115.3333

重庆市住宅不同建筑周边环境污染物检测结果（2）　　表 8-5

房间	地板类型实木地板(是/否)			地板类型强化地板(是/否)			地板类型砖石(是/否)		
	检测数	Sig 值	均值	检测数	Sig 值	均值	检测数	Sig 值	均值
甲醛（mg/m³）									
客厅	5/41	0.230	0.0169/0.0160	11/35	0.345	0.0175/0.0157	30/16	0.948	0.0155/0.0173
卧室	12/31	0.248	0.0147/0.0156	26/17	0.065	0.0153/0.0155	5/38	0.255	0.0175/0.0151
厨房	—	—	—	—	—	—	43/2	0.471	0.0158/0.0109
二甲苯（mg/m³）									
客厅	4/40	0.120	0.0193/0.0138	10/34	0.475	0.0111/0.0152	30/14	0.582	0.0147/0.0134
卧室	11/31	0.678	0.0114/0.0134	26/16	0.532	0.0132/0.0125	5/37	0.102	0.0148/0.0127
厨房	—	—	—	—	—	—	40/2	0.223	0.0138/0.0135
苯（mg/m³）									
客厅	4/40	**0.015**	0.0232/0.0081	10/34	0.357	0.0107/0.0091	30/14	0.011	0.0073/0.0142
卧室	11/31	0.438	0.0069/0.0059	26/16	0.621	0.0067/0.0052	5/37	0.031	0.0017/0.0068
厨房	—	—	—	—	—	—	40/2	0.657	0.0071/0.0357
甲苯（mg/m³）									
客厅	4/40	0.266	0.0252/0.0189	10/34	0.081	0.0197/0.0194	30/14	0.019	0.0187/0.0213
卧室	11/31	0.404	0.0117/0.0169	26/16	0.156	0.0167/0.0136	5/37	0.219	0.0178/0.0152
厨房	—	—	—	—	—	—	40/2	0.895	0.0177/0.0401
TVOC（mg/m³）									
客厅	4/40	0.723	0.1643/0.1709	10/34	0.615	0.1593/0.1736	30/14	0.506	0.1748/0.1608
卧室	11/31	0.444	0.1381/0.1703	16/16	0.706	0.1611/0.1631	5/37	0.160	0.2181/0.1542
厨房	—	—	—	—	—	—	40/2	0.765	0.1599/0.2168
PM2.5（μg/m³）									
厨房				3/39	0.893	81.2333/101.9282	38/4	0.639	100.6211/98.8250

2. 装修年代

重庆市住宅不同污染物源源强污染物检测结果　　表 8-6

甲醛（mg/m³）				二甲苯（mg/m³）			
房间	装修年代(2a/2～5a/5～10a/10a 以上)			房间	装修年代(2a/2～5a/5～10a/10a 以上)		
	检测数	Sig 值	均值		检测数	Sig 值	均值
客厅	4/10/6/16	0.018	0.0263/0.0164/0.0163/0.0131	客厅	4/10/6/16	0.801	0.0102/0.0151/0.0159/0.0130
卧室	4/10/6/16	0.761	0.0141/0.0140/0.0172/0.0141	卧室	4/10/6/16	0.473	0.0111/0.0122/0.0197/0.0120
厨房	4/10/7/16	0.971	0.0169/0.0148/0.0156/0.0162	厨房	4/10/6/15	0.708	0.0177/0.0121/0.0126/0.0141
苯（mg/m³）				甲苯（mg/m³）			
客厅	4/10/6/16	0.384	0.0024/0.0102/0.0187/0.0050	客厅	4/10/6/16	0.488	0.0084/0.0210/0.0258/0.0160
卧室	4/10/6/16	0.976	0.0057/0.0058/0.0040/0.0052	卧室	4/10/6/16	0.907	0.0115/0.0160/0.0148/0.0132
厨房	4/10/6/15	0.851	0.0048/0.0070/0.0107/0.0092	厨房	4/10/6/15	0.826	0.0133/0.0186/0.0184/0.0213
TVOC（mg/m³）				PM2.5（μg/m³）			
客厅	4/10/6/16	0.825	0.1343/0.1678/0.1924/0.1717		—	—	—
卧室	4/10/6/16	0.990	0.1461/0.1594/0.1545/0.1584		—	—	—
厨房	4/10/6/15	0.833	0.1621/0.1542/0.1623/0.1800		4/10/8/16	0.818	94.97/113.67/108.56/96.77

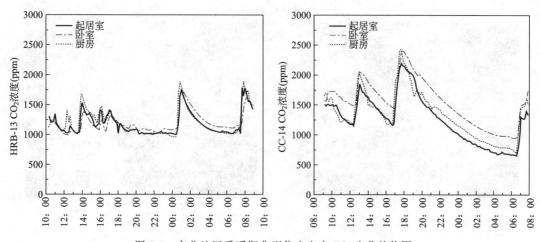

图 8-4　东北地区采暖期典型住户室内 CO_2 变化趋势图

厨房对卧室的 CO_2 浓度影响线性回归分析（24h）　　　　　　表 8-7

住户编号	R^2	Sig 值	烹饪行为	住户编号	R^2	Sig 值	烹饪行为
1	0.043	0.015	1	24	**0.849**	**0**	**1**
2	**0.556**	**0**	**1**	25	**0.652**	**0**	**1**
3	0.006	0.037	1	26	**0.599**	**0**	**1**
4	0.005	0.404	—	27	0.241	0	1
5	**0.736**	**0**	**1**	28	**0.605**	**0**	**1**
6	**0.719**	**0**	**1**	29	**0.73**	**0**	**1**
7	0.465	0	—	30	**0.598**	**0**	**1**
8	**0.784**	**0**	**1**	31	**0.726**	**0**	**1**
9	0.001	0.727	1	32	0.455	0	1
10	**0.87**	**0**	**1**	33	0.28	0	1
11	0.302	0	1	34	**0.839**	**0**	**1**
12	**0.951**	**0**	**1**	35	**0.673**	**0**	**1**
13	**0.893**	**0**	**1**	36	**0.835**	**0**	**1**
14	**0.963**	**0**	**1**	37	0	0.82	1
15	**0.849**	**0**	**1**	38	0.53	0	1
16	**0.652**	**0**	**1**	39	0.07	0.002	1
17	0.599	0	0	40	0.363	0	1
18	0.241	0	1	41	0.12	0	1
19	**0.87**	**0**	**1**	42	0.081	0.001	1
20	0.302	0	1	43	**0.634**	**0**	**1**
21	**0.951**	**0**	**1**	44	0.836	0	0
22	**0.893**	**0**	**1**	45	0.728	0	0
23	**0.963**	**0**	**1**				

注：1 代表测试期间有烹饪行为，0 代表测试期间无烹饪行为。

图 8-5　实测住户开敞式厨房实景图

从前面的分析可以得出厨房的 PM2.5 浓度高于其他功能房间，对实测数据的分析也可知，厨房的烹饪是室内颗粒物污染的重要污染源，如图 8-6 所示，所选两住户烹饪时间具有一定的代表性，早上 7：00、中午 11：00 和下午 17：00 左右厨房的 PM2.5 浓度会有较大幅度的增长，最大可达 2.2 倍，而在此之后约 1h，起居室和卧室也会相继达到峰值，表 8-8 的统计结果表明，55.8% 的住户卧室与起居室的 PM2.5 浓度存在显著的相关性（$R^2 > 0.5$），存在显著相关性的住户中厨房有烹饪行为的占 87.5%。

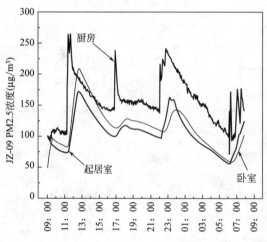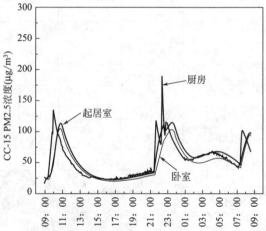

图 8-6　东北地区供暖期典型住户室内 PM2.5 变化趋势图

厨房对卧室的 PM2.5 浓度影响线性回归分析（24h）　　　　　　　　　　　表 8-8

住户编号	R^2	烹饪	住户编号	R^2	烹饪	住户编号	R^2	烹饪
1	0.869	1	6	0.571	1	11	0.614	1
2	0.725	1	7	0.561	1	12	0.505	1
3	0.574	1	8	0.189	1	13	0.722	1
4	—	—	9	0.656	1	14	0.189	1
5	0.876	1	10	0.113	1	15	0.656	1

住户编号	R^2	烹饪	住户编号	R^2	烹饪	住户编号	R^2	烹饪
16	0.070	1	26	0.301	1	36	0.372	1
17	0.303	0	27	0.383	1	37	**0.615**	**1**
18	**0.622**	**1**	28	0.452	1	38	0.023	0
19	0.475	1	29	**0.564**	**1**	39	**0.706**	0
20	0.333	1	30	**0.565**	**1**	40	**0.696**	**1**
21	—	1	31	**0.972**	**1**	41	0.174	1
22	**0.866**	**1**	32	0.092	1	42	**0.665**	**1**
23	**0.603**	**1**	33	0.138	1	43	**0.952**	**1**
24	0.146	1	34	**0.557**	**1**	44	0.476	0
25	**0.845**	**1**	35	0.376	1	45	**0.827**	0

注：1代表测试期间有烹饪行为，0代表测试期间无烹饪行为。

8.2　生活方式对室内环境健康性能的影响

人员行为习惯主要包括化学用品使用情况、是否重新装修或更换过地板、家中成员每天吸烟数、厨房清洁情况等，不同地域的居住者生活行为有所不同，如重庆、南方住户喜欢开窗通风；各地区饮食习惯也略有差异，如重庆市住户喜欢在室内煮火锅，烹饪也以爆炒等为主，洗浴频率较北方住户高，故而按照不同地区分开讨论。

8.2.1　西部内陆地区（以重庆市为例）

1. 生活行为对室内化学污染物的影响

通过 2014 年 12 月对重庆市入户实测调查的检测数据分析，发现苯系物在不同化学用品的使用中表现出显著性差异，按污染物类型分为苯、甲苯和 TVOC，按房间分为客厅和卧室，厨房仅在是否使用清洁剂产生显著性差异，这可能与厨房的功能有关系。厨房清洗餐具使用清洁剂较其他房间多，所以清洁剂的影响更为明显。客厅和卧室使用杀虫剂、化妆品比较多，其对客厅和卧室的影响更明显。本次调研分析还发现，空气净化器与植物均对客厅和卧室的苯具有显著性差异，说明空气净化器与植物在一定程度上能够减少室内污染物的散发，如表 8-9 所示。

调研用户中有 13.9％的用户房子经过重新装修，8.6％的用户房子更换过地板，通过独立样本 T 检验，发现各功能房间污染物在房子是否经过重新装修这一分析上并未表现出显著性差异，房子是否更换过地板对卧室苯浓度具有显著性差异（sig＝0.006＜0.05），其余房间和污染物并未表现出显著性差异，卧室苯浓度水平如图 8-7 所示。原因可能是用户新地板的板材质量比旧地板好，释放的污染物浓度降低。

重庆市住宅化学用品使用化学污染物检测结果 表 8-9

房间	空气清新剂 （是/否）	清洁剂 （是/否）	杀虫剂 （是/否）	消毒剂 （是/否）	化妆品 （是/否）	活性炭 （是/否）	空气净化器 （是/否）	植物 （是/否）
	Sig 值	Sig 值	Sig 值	Sig 值	Sig 值	Sig 值	Sig 值	Sig 值
甲醛（mg/m³）								
客厅	0.498	0.478	0.218	0.507	0.711	0.338	0.229	0.861
卧室	0.146	0.860	0.585	0.410	0.349	0.553	0.088	0.655
厨房	0.419	0.691	0.867	0.644	0.871	0.639	0.567	0.092
二甲苯（mg/m³）								
客厅	0.619	0.751	0.350	0.920	0.085	0.913	0.660	0.078
卧室	0.421	0.617	0.288	0.992	0.058	0.950	0.386	0.157
厨房	0.645	0.127	0.213	0.800	0.330	0.437	0.512	0.649
客厅	0.619	0.751	0.350	0.920	0.085	0.913	0.660	0.078
苯（mg/m³）								
客厅	0.641	0.539	0.300	0.630	**0.035**	0.093	0.500	**0.049**
卧室	0.590	0.743	**0.007**	0.922	**0.035**	0.533	**0.024**	0.067
厨房	0.477	0.172	0.187	0.517	0.156	0.647	0.478	0.722
甲苯（mg/m³）								
客厅	0.520	0.900	0.125	0.941	**0.029**	0.590	0.525	0.149
卧室	0.310	0.537	0.005	0.731	**0.007**	0.716	0.336	0.368
厨房	0.257	0.078	0.071	0.856	0.074	0.842	0.608	0.798
TVOC（mg/m³）								
客厅	0.356	0.484	0.013	0.814	0.154	0.660	0.586	0.100
卧室	0.441	0.166	**0.027**	0.749	0.293	0.560	0.595	0.186
厨房	0.284	**0.020**	0.075	0.458	0.609	0.736	0.534	0.948

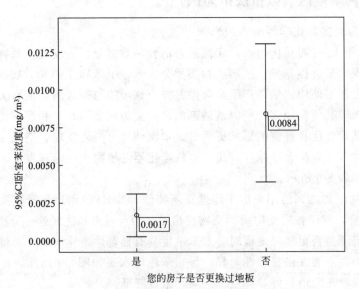

图 8-7 是否更换地板与卧室苯浓度水平

2. 生活行为对室内空气品质的影响

污染物与人员行为习惯相关性分析主要考虑室内人员的生活习惯对室内污染物分布的影响，如人员生活习惯包括：测试过程是否烹饪、测试过程是否抽烟、测试过程是否开启空调、是否有盆栽、测试过程是否开窗等。具体计算结果见表 8-10。

住宅不同人员行为习惯污染物检测结果　　　　　表 8-10

房间	测试过程中是否做饭是/否			测试过程中是否抽烟是/否			测试过程中是否开启空调是/否		
	检测数	Sig 值	均值	检测数	Sig 值	均值	检测数	Sig 值	均值
甲醛（mg/m³）									
客厅	12/2	0.190	0.0063/0.0159	3/11	0.088	0.0034/0.0088	7/7	0.695	0.0069/0.0084
PM2.5（μg/m³）									
客厅	12/3	**0.007**	36.13/35.35	3/12	0.273	28.41/37.86	7/8	0.74	32.70/38.85
卧室	12/3	**0.020**	37.66/33.45	0/16	—	36.82	7/8	0.919	35.18/38.25
厨房	12/3	**0.012**	37.87/38.38						
CO_2（ppm）									
客厅	13/3	0.831	504.99/470.40	3/13	0.919	486.59/501.26	7/9	0.375	534.34/470.63
卧室	13/3	0.149	512.85/610.44	0/16	—	531.14	7/9	0.075	362.60/662.23
厨房	13/3	0.275	669.12/468.04						

房间	是否有盆栽是/否			测试过程是否开窗是/否			测试期间是否24h开启外窗是/否		
	检测数	Sig 值	均值	检测数	Sig 值	均值	检测数	Sig 值	均值
甲醛（mg/m³）									
客厅	8/6	**0.000**	0.0035/0.0132	13/1	—	0.0080/0.0034	7/7	0.683	0.0070/0.0081
PM2.5（μg/m³）									
客厅	8/7	0.682	33.85/38.41	14/1	—	36.83/24.04	7/8	0.145	30.01/41.20
卧室	5/10	0.690	31.52/39.47	12/3	0.176	38.30/30.88	8/7	0.943	39.47/33.79
厨房	—	—	—	14/1	—	34.98/79.86	7/8	0.826	37.87/38.06
PM2.5（μg/m³）									
客厅	9/7	0.483	498.56/498.43	15/1	—	502.49/438.82	8/8	0.049	495.33/501.68
卧室	6/10	0.872	537.69/527.22	13/3	0.075	583.60/303.81	9/9	0.133	610.55/429.04
厨房	—	—	—	15/1	—	647.66/387.84	8/8	0.398	677.27/585.57

由表 8-10 可以看出，客厅甲醛的浓度在是否有盆栽上也表现出显著性差异。客厅有盆栽的家庭，其甲醛浓度均值为 0.0035mg/m³，而没有盆栽的家庭，其甲醛浓度均值为 0.0138mg/m³，见图 8-8。

测试过程中是否做饭对三个功能房间的 PM2.5 均存在影响，如图 8-9 所示。有研究表明，对于没有明显室内污染源的住宅，约有 75% 的 PM2.5 来自室外；而对于有重要室内污染源（吸烟、烹调等）的住宅，室内 PM10 和 PM2.5 中仍然有 55%～60% 来自室外，表明室内颗粒物浓度水平很大程度受到室外空气质量的影响。室内污染源对于 PM2.5 浓度的影响也非常大，烹饪时产生的烟气由烹饪油烟和燃料燃烧的产物两种不同粒径的颗粒

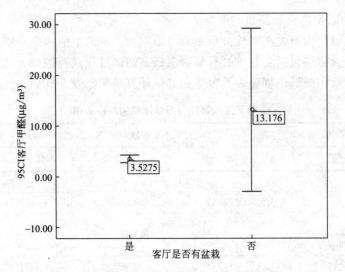

图 8-8　客厅是否有盆栽对甲醛浓度的影响

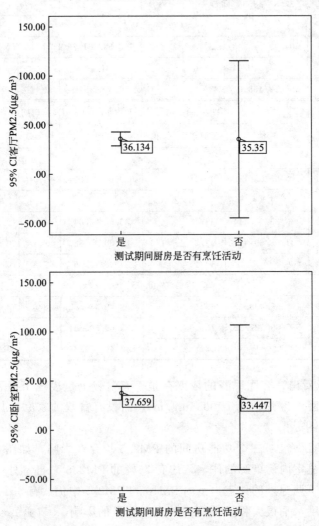

图 8-9　测试期间厨房是否做饭对客厅、卧室、厨房 PM2.5 浓度的影响

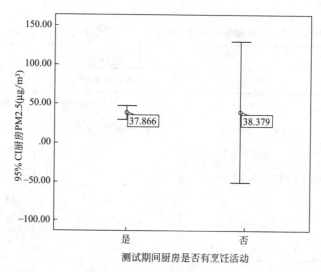

图 8-9　测试期间厨房是否做饭对客厅、卧室、厨房 PM2.5 浓度的影响（续）

物构成，烹调油烟主要是食用油和食品加热过程中产生的油烟雾，从形态上看，烹调油烟包括可吸入颗粒物 PM10 和 PM2.5、气态污染物。燃料燃烧的产物因燃料的不同及其燃烧完全程度的不同而产生的废气也不同。燃料燃烧产物主要成分为 CO、NO、SO 与烟尘。除了烹饪外，室内人员的抽烟习惯也会影响室内 PM2.5 浓度。在有人吸烟的室内，来源于二手烟中的超细颗粒物约占室内 PM2.5 总量的 90% 左右。吸烟后产生的烟雾成分比较复杂，包含 CO_2、CO、NOx、VOCs 等有害物质，还包含尼古丁等致癌成分。

烹饪活动均位于厨房，但由于厨房通风系统一般不完善，且厨房大多与客厅直接相连，因此不可避免地有一部分厨房烟气扩散入客厅等室内环境，成为室内污染的主要来源。此外，研究表明烹饪时在室内不同地点并非所有粒径的颗粒物浓度均同等程度增加，与厨房的构造格局有关系，以室内 PM1.0 为例，燃烧产生的 PM1.0 可以随空气流动扩散到室内的客厅、卧室等空间，导致室内颗粒物浓度升高，而油烟由于其颗粒物粒径较大，扩散范围较小，浓度增加仅局限于厨房范围内。

8.2.2　东部沿海地区（以上海市为例）

2013 年 4 月对上海市调查住户进行了与居民健康相关的 13 项生活习惯和环境因素的调查分析，分别为打扫卫生频次、垃圾处理频次、室内是否放置植物、床上用品更换频次、晾晒衣物频次、室内吸烟与否、电脑使用情况、空调季开窗情况、室内油烟情况、室内潮湿情况、室内有无异味、室内灰尘情况、日照是否充足。结果如表 8-11 所示，其中，OR 值（Odds Ratio，即优势比）大于 1 代表自变量是应变量的危险因素，自变量每增加一个单位，患病率相应增加 $100 \times (OR - 1)\%$。在这 13 项因素中，与居民慢性病患病率显著相关的是床上用品更换频次和室内吸烟，与居民呼吸道疾病患病率显著相关的是垃圾处理频次，与皮肤病患病率显著相关的是打扫卫生频次、室内油烟情况、室内潮湿情况和室内有无异味。未发现对消化道类疾病和风湿类疾病具有显著影响的因素。

居住环境与居民健康关联性分析结果（单变量 Logistic 回归分析）　　表 8-11

项目	OR 值（95％置信区间）		
	慢性病	呼吸道疾病	皮肤病
打扫卫生	0.743(0.532,1.038)	0.868(0.611,1.233)	**0.714(0.522,0.978)**
垃圾处理频次	0.802(0.614,1.047)	**0.756(0.572,0.998)**	0.998(0.775,1.286)
床上用品更换	**0.751(0.575,0.981)**	0.897(0.679,1.186)	0.958(0.747,1.229)
吸烟	**1.499(1.039,2.163)**	0.973(0.669,1.415)	1.061(0.759,1.483)
油烟	0.777(0.577,1.046)	1.167(0.852,1.599)	**1.455(1.096,1.932)**
潮湿感	1.487(0.867,2.550)	1.400(0.792,2.475)	**1.838(1.132,2.985)**
异味	1.025(0.731,1.437)	0.957(0.670,1.368)	**1.422(1.033,1.957)**

注：粗体数值代表 $P<0.05$。

将单变量分析中 $P<0.05$ 的因素引入 Logistic 回归模型，进行多变量 logistic 回归分析，结果如表 8-12 所示。经常更换床上用品可使慢性病患病率降低 25％，而室内吸烟则会使患病率增加 50.2％。对于皮肤病，经常打扫卫生可降低 25.9％的患病率，而室内潮湿、油烟、异味可分别使患病率增加 71.2％、35.7％和 34.5％。由表 8-12 可以看到，经常处理垃圾可降低呼吸道疾病的患病率。

居住环境与居民健康关联性分析结果（多变量 Logistic 回归分析）　　表 8-12

变量	β	P	OR＝exp(β)	95％CI
慢性病				
床上用品更换	−0.287	0.035	0.750	0.574～0.980
吸烟	0.407	0.030	1.502	1.040～2.170
皮肤病				
打扫卫生	−0.300	0.065	0.741	0.539～1.018
油烟	0.305	0.038	1.357	1.017～1.809
潮湿感	0.538	0.032	1.712	1.048～2.796
异味	0.296	0.074	1.345	0.972～1.861

同样地，对儿童健康与居住环境的关联性进行了分析。如图 8-10 所示，住宅内油烟过多、灰尘过多均是儿童呼吸性疾病的危险因素，灰尘过多是儿童过敏性疾病的危险因素，而住宅内油烟过多、存在潮湿问题则是儿童湿疹的危险因素，其他因素未发现显著性影响。表 8-13 给出进一步的多变量分析结果，可以看到，灰尘过多使儿童呼吸性疾病、过敏症、湿疹的患病率分别增加 38.1％、51.6％和 50.5％。在灰尘状况相同的前提下，油烟过多会使儿童呼吸性疾病患病率增加 43.4％，存在潮湿问题会使儿童湿疹患病率增加 70.4％。

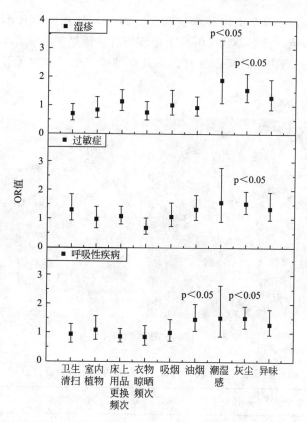

图 8-10　居住环境与儿童健康关联性分析结果（单变量 Logistic 回归分析）

居住环境与儿童健康关联性分析结果（多变量 Logistic 回归分析）　　表 8-13

变　　量	β	P	OR＝exp(β)	95％CI
呼吸性疾病				
灰尘	0.323	0.007	1.381	1.091～1.749
油烟	0.360	0.016	1.434	1.070～1.922
湿疹				
灰尘	0.409	0.010	1.505	1.103～2.052
潮湿感	0.056	0.050	1.744	1.001～3.048

经数据分析可知：

（1）经常打扫卫生、更换床上用品、处理垃圾等良好卫生习惯可降低居民患病率，而室内吸烟、油烟、潮湿、异味是引起居民健康问题的危险因素。

（2）住宅内灰尘过多会使儿童呼吸性疾病、过敏性疾病和湿疹的患病率均显著升高。此外，油烟、潮湿问题分别是儿童呼吸性疾病和湿疹的影响因素。

8.2.3　东北供暖地区（以东北五市为例）

对东北五市（齐齐哈尔、哈尔滨、长春、沈阳和锦州）的供暖期（2014 年 12 月）实测调查研究发现，住户多喜欢室内种植盆栽等，如图 8-11 所示，且部分为大型盆栽，受植物夜间呼吸作用影响，可能导致室内 CO_2 浓度上升。通过对卧室 CO_2 超标时长的统计发现（见表 8-14），住户室内全日超标具有以下几点特征：全日室内无开窗通风行为，室内盆栽较多等。

图 8-11　室内盆栽种植情况实景图

卧室全日超标（＞1000ppm）住户室内生活行为统计分析　　　　表 8-14

住户编号	卧室开窗	卧室抽烟	起居室抽烟	卧室盆栽	起居室盆栽	厨房烹饪
JZ-05	0	0	0	1	1	1
SY-11	0	0	0	1	1	1
SY-15	0	0	0	0	1	1
CC-11	0	0	1	0	1	1
CC-19	0	0	0	0	0	1
HRB-13	0	0	1	0	1	1
QQHR-01	0	0	0	0	1	1
QQHR-02	0	0	0	1	1	0
QQHR-08	0	0	0	1	0	0

注：1 代表有，0 代表无。

同时，对住户卧室夜间超标情况进行线性拟合分析，选取的时间段位于 23：00～次日 05：00，主要研究其整体变化趋势，分析结果如表 8-15 所示，夜间 CO_2 浓度呈下降趋势的住户约占 50%，其中卧室有盆栽住户的比例约为 54.5%；呈上升趋势的住户占 25%，其卧室有盆栽住户的比例约为 36.4%；夜间无明显变化趋势的住户约占 25%，其中卧室有盆栽住户的比例约为 54.5%。通过数据变化趋势图的对比，对夜间具有较高峰值点的住户进行统计，有明显峰值点的时刻基本集中在 22：00～0：00 之间，而后基本呈现下降趋势。由此可以得出，盆栽对卧室夜间 CO_2 浓度的影响不明显，睡眠前的室内活动已导致室内浓度过高，因而建议在睡前可以适当进行通风，以保证夜间卧室室内空气品质。

卧室夜间 CO_2 浓度线性拟合分析　　　　　表 8-15

住户编号	k	R^2	卧室盆栽	住户编号	k	R^2	卧室盆栽
1	−700.9	0.68	0	24	−1153.9	0.96	1
2	−782.6	0.86	0	25	−21.4	0.00	0
3	−2.08	0.00	1	26	−341.1	0.46	0
4	6025.1	0.84	1	27	−913.6	0.92	0
5	−749.7	0.87	1	28	253.9	0.57	1
6	2776.9	0.95	1	29	−404.6	0.73	1
7	−564.7	0.23	1	30	103.4	0.00	1
8	−513.8	0.91	0	31	4402.1	0.93	0
9	1362.5	0.62	0	32	−613.7	0.14	0
10	−394.3	0.60	1	33	−942.1	0.55	1
11	−922.9	0.82	1	34	1109.1	0.60	0
12	−512.3	0.73	1	35	−530.5	0.65	0
13	−432.1	0.85	0	36	−596.3	0.93	0
14	−1460.2	0.93	1	37	1798.3	0.86	0
15	−487.3	0.45	0	38	804.1	0.72	1
16	—	—		39	−313.7	0.02	0
17	1983.4	0.96	0	40	96.6	0.03	1
18	−463.8	0.95	1	41	794.01	0.66	0
19	−2060.9	0.98	1	42	3836.7	0.91	0
20	−1196.9	0.83	0	43	−519.9	0.97	1
21	−391.9	0.74	1	44	−42.09	0.00	1
22	−2271.9	0.97	1	45	−32.84	0.14	1
23	−673.7	0.75	—				

注：1 代表有，0 代表无。

第9章 居住建筑室内环境关联健康影响的主要因素分析

评价室内环境的性能优劣是提升住户生活质量，维持住户健康生活的前提，而明确我国室内环境现状特点和室内生活行为，能够为凝练评价表征参数和改善室内环境提供参考。对国内外室内环境评价研究分析，可知评价参数可以分为主观心理参数、客观环境参数和室内风险源三大类，由于居住者健康受多因素影响，研究涉及公共卫生学、毒理学、临床医学、建筑环境学、心理学等多学科领域，且同一环境对不同个体影响不一，很难做到综合评价，国内室内环境相关标准也未根据人体个体特点单独设置标准，基于国内标准的设置原则，课题组提出的室内环境健康性能评价方法主要基于客观环境参数。进行入户实测调查，能够建立符合我国居住建筑环境现状的表征参数体系，虽然部分环境污染物对人体的健康危害极大，但受我国其他行业标准限制约束，在室内环境中已不存在，因而可以将此类环境参数剔除到评价体系以外。

经过课题组入户实测调查数据分析可以得出：

（1）受地域和住户生活习惯影响，各典型地区室内环境存在一定的差异性，但整体趋势较为一致。

（2）本次入户实测调查结果表明，传统的化学类污染物如甲醛、TVOC 和电磁辐射、霉菌等基本满足国家相关标准的限值要求，这也许与近年来国家相关标准的执行力度增强和住户绿色建材选购意识提高具有一定的关联性。

（3）住户抱怨较多的室内主要的健康风险因素主要为：室内热环境感觉、室内干燥感、室内外振动及噪声、室内气味等。

（4）受建筑户型布置和住户生活行为等因素影响，室内各功能房间的风险因素存在一定的差异性。

通过对室内污染物关联健康影响分析，可以得出：

（1）建筑周边环境对住户室内环境具有一定的影响，住宅建筑不宜紧靠马路或工厂。

（2）室内空气污染物会在各功能房间交叉传播，如 CO_2 和 PM2.5 等，在从事室内生活活动时，应尽量规避此类影响，如烹饪时关闭厨房内门或尽量不使用开敞式厨房等。

（3）经常打扫卫生、更换床上用品、处理垃圾等良好的卫生习惯可降低居民患病率，而室内吸烟、油烟、潮湿、异味是引起居民健康问题的风险因素。

（4）室内现有健康风险大多数均来自于人的生活行为方式和不当的室内设计，为营造健康的室内环境，应加强对室内人员生活方式的指导，减少室内的不当设计，进而营造健康的室内环境。

第10章 基于入户实测调查的室内健康环境表征参数

通过对入户实测调查结果的统计分析，得到不同地域功能房间室内健康环境的主要表征参数，其结果如表 10-1 所示。

室内健康环境表征参数

表 10-1

功能房间	表征参数		
	东北地区	西部内陆地区	东部沿海地区
起居室(厅)	CO_2、PM2.5	温湿度、TVOC	PM2.5
卧室	相对湿度、CO_2	湿度、CO_2	PM2.5、CO_2、甲醛、温湿度、空气流速
厨房	空气温度、PM2.5、CO_2	换气次数、用油量、PM2.5、CO_2	PM2.5
卫生间/浴室	相对湿度、空气温度	湿度、温度、霉菌	相对湿度

第3篇　专题研究

第11章 建筑室内通风对人体热健康影响研究

11.1 夏季自然环境下局部吹风对人体健康影响

空气流动是影响热舒适的重要因素，在偏热环境下吹风可以增加人体散热，在一定程度上补偿温度的升高，提高环境的热舒适度。但是长时间的吹风可能会给人带来眼睛干涩、黏膜不适、压力感等不适症状和负面影响，且人体在气流环境中暴露时长对热舒适有显著的影响，而以往的研究往往忽略了吹风时间可能对人员产生的不适，因此有必要针对局部吹风对人体热舒适及健康的影响开展研究，探明吹风时长与人体生理、心理响应规律。

11.1.1 研究方法

笔者在前期的研究中针对吹风时间对人员热舒适的影响开展了大量的研究工作。通过夏季自然环境中机械通风情况下的实验，筛选出受热环境影响较为显著的生理指标——感觉神经传导速度（Sensory nerve Conduction Velocity，SCV）及相应的测点皮肤温度（T_s），并结合热感觉问卷调查的方法，从主客观两方面对夏季高温高湿环境下空气流动对人体热舒适的影响进行研究，进一步明确人员在气流环境中停留时间对人体热舒适的影响。

1. 实验受试者

实验受试者均为重庆大学在读大学生，共 41 名。受试者来自全国各省份，在重庆平均生活时间为 4 年以上，均已基本适应本地区的气候条件。同时，为保证实验数据的可靠性，所有受试者在参加实验前均具有良好的睡眠，且未喝含有酒精的饮料。

2. 实验方法

受试者穿着自认舒适，平均服装热阻约为 0.3clo。实验开始前，为减少外界环境及代谢率对受试者的影响，要求受试者到达实验室后，静坐休息 30min 以适应实验室环境，期间由实验人员向受试者介绍实验的内容以及实验过程中所要注意的事项。实验共历时90min，前 30min 为自然风工况，后 60min 为吹风工况，风源为落地式风扇，距离受试者2.5m。实验期间，每 10min 对受试者进行一次生理指标测试以及热感觉问卷调查。热感觉投票采用的是 ASHRAE 55 7 级指标 ［−3 冷，−2 凉，−1 微凉，0 适中（不冷不热），1 微热，2 热，3 很热］。

3. 实验测试仪器

人体生理参数感觉神经传导速度采用逆向检测法，用表面电极刺激和记录，测试采用Neuropack 肌电诱发电位仪（MEB-9104）。测点皮肤温度用红外线测温仪记录（精度±0.5℃）。

室内热环境参数（包括人体附近空气温度、相对湿度、风速、黑球温度）的检测采用的是国外引进的里氏热舒适仪 Babuc A。测量位置取坐姿人体附近距离地面 0.6m 高度处，仪器精度要求符合国际标准 ISO 7726。

4. 实验方案

实验地点为重庆大学城环实验大楼 2 楼的热舒适研究实验室，房间尺寸为 7.3m× 7.5m×4m，室内通风良好。实验选在 7～8 月进行，为重庆地区气温最高的月份，其室内温度远离标准推荐的舒适区。实验期间的室内环境参数如表 11-1 所示。

<table>
<tr><td colspan="5" align="right">实验室环境参数一览表   表 11-1</td></tr>
<tr><td rowspan="2">空气温度(℃)</td><td rowspan="2">样本量(个)</td><td rowspan="2">相对湿度(%)</td><td colspan="2">空气流速(m/s)</td></tr>
<tr><td>自然</td><td>吹风</td></tr>
<tr><td>28.2±0.7</td><td>10</td><td>75.8±7.0</td><td>0.08±0.06</td><td>1.2±0.26</td></tr>
<tr><td>30.9±0.6</td><td>18</td><td>86.7±15.4</td><td>0.14±0.07</td><td>1.02±0.24</td></tr>
<tr><td>33.9±0.6</td><td>13</td><td>83.0±5.7</td><td>0.11±0.08</td><td>1.08±0.12</td></tr>
</table>

11.1.2 实验结果与讨论

1. 吹风时长对人体生理参数的影响

对不同环境温度阶段下，同一时刻各受试者的 SCV 和 T_s 求平均值，得出其随时间的变化关系，如图 11-1 所示。从图中可以看出，不同温度下，吹风对人体生理参数的影响程度各不相同。空气温度越低，吹风的影响越大。

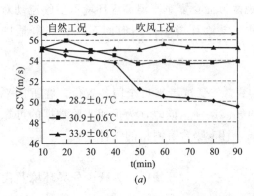
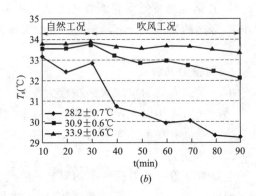

图 11-1　SCV 和 T_s 随吹风时间的变化趋势

(a) SCV 随吹风时间的变化趋势；(b) T_s 随吹风时间的变化趋势

研究发现，空气温度小于 30.9±0.6℃时，SCV 及 T_s 在吹风开始时均出现明显下降的现象，且空气温度越低，下降越明显。当空气温度为 30.9±0.6℃时，SCV 及 T_s 在吹风 20min 时就渐渐趋向稳定，而空气温度为 28.2±0.7℃时，SCV 及 T_s 随吹风时间的延长继续下降，直至吹风 60min 时还未达到稳定。而当空气温度为 33.9±0.6℃时，吹风时长对 SCV 及 T_s 几乎没有影响。这表明，此时的环境热应力已经超过了人体自身生理调节的范围，无论吹风多久，对人体热舒适的改善程度都很有限，此时人体应采取主动干预的措施来降低环境的热应力。

2. 吹风时长对人体热感觉的影响

空气温度的高低直接影响着室内人员的热感觉以及热舒适情况，因此需要对受试者的主观问卷调查进行分析。将不同环境下同一时刻各受试者实际热感觉投票 TSV（Thermal Sensation Votes）投票值分别取平均值，同时利用 PMV 模型（Predicted Mean Vote）计算其模型预测值。从而得到了不同空气温度下 TSV 和 PMV 随吹风的变化趋势，如图 11-2所示。

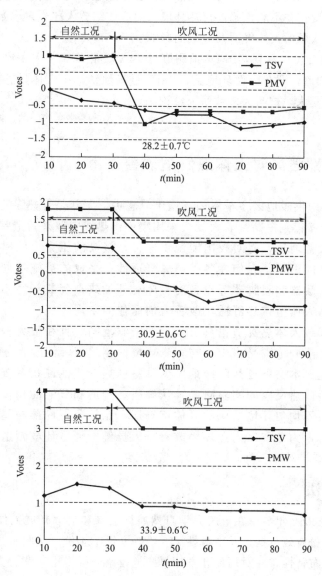

图 11-2　TSV、PMV 随吹风时间变化趋势

研究发现，3 个空气温度下，热感觉在吹风时均出现明显下降的现象。当空气温度为 28.2±0.7℃时，随着吹风时间的延长，TSV 渐渐偏离中性 "0"，直至吹风 40min 时才基本趋于稳定。TSV 由吹风前的 0.1 至吹风 6min 时的 −1.0。即此空气温度下，吹风恶化了人体热感觉，吹风风速过大（1.20±0.26m/s）引起了冷吹风，从而造成人体不适。而

在此空气温度下，SCV 及 T_s 在吹风 60min 时未达到稳定。当空气温度为 30.9±0.6℃时，TSV 由吹风前的 0.8 至吹风 10min 时的－0.3，直至 60min 时，TSV 已降至－0.7。这表明，此环境下，吹风在短时间内有效地改善了人体热感觉，但随着吹风时间的增加，吹风有可能会引起冷吹风感。当空气温度为 33.9±0.6℃时，TSV 由 1.4 降至最后的 0.6，下降了 0.8，即此时吹风在一定程度改善了热感觉。但是由生理参数的结果分析，发现吹风对人体生理参数基本无影响，此时的环境热应力已经超过了人体自身生理调节的范围。此时单靠主观热感觉变化并不能正确评价热环境，而应该结合人体生理参数变化规律，从主客观两方面来评价吹风对人体舒适及健康的影响。

另外，从图 11-2 可以看到，PMV 预测值与 TSV 变化规律基本一致，且 PMV 预测值均高于 TSV 投票均值，即在中性环境下，PMV 过高地估计了人体热感觉，且温度越高，PMV 与 TSV 差值越大，这与大多数研究结论一致。

11.2 冬季局部暖风对人体热舒适改善作用

我国未采用集中供暖地区冬季室内环境十分恶劣，尤其是夏热冬冷地区，人们生活环境的热舒适性急需得到提高。若大规模采用集中供热或空调来营造室内环境，其势必造成建筑能耗的大幅增加，将对我国能源供应带来极大的压力。同时，考虑到人们生活习惯和经济水平的影响，人们在冬季提高舒适性所采取的措施不同，不少家庭通过暖风机、小太阳取暖器和暖脚器等设备对身体局部加热来调节舒适感。这些都是通过局部热刺激来提高人体整体热舒适，改善人们居住的室内环境。同样，在偏冷环境下通过局部加热来改善人体热舒适也具有一定的限制范围，且在很大程度上受到背景环境的影响，而这个限制范围是多少，与背景环境的相关度等问题都还没有得到较好地研究和解决。因此，本书以夏热冬冷地区冬季室内热舒适性现状调查为依据，展开人体局部热刺激对整体热反应的实验研究。从健康、舒适和节能的角度出发，通过局部热刺激调节因室内不均匀环境造成的人体不舒适，比较分析局部与局部、局部与整体热反应的影响作用，为冬季室内热环境改善，人员健康舒适环境营造以及建筑节能提供理论依据。

11.2.1 研究方法

首先，笔者于 2012 年冬季在重庆大学自然通风教室和宿舍开展人体热舒适现场调查工作，共获得 382 份有效数据，其中男性 218 份，女性 164 份。从服装热阻分析得出冬季人员服装热阻的分布特性，并对局部和整体热感觉投票分析得出手背、大腿和脚部的热感觉投票值与整体热感觉投票值较为接近，且小腿热感觉最能解释整体热感觉的变化。基于前期热舒适调研现状，在实验室开展人体小腿局部刺激对整体热反应影响的实验研究，探究合理的送风形式及送风温度。

1. 实验对象

实验通过在校征集志愿者，以 12 名男性大学生作为本次实验的受试者，并且要求所有受试者身体健康状况较好，实验前正常饮食、睡眠和无剧烈运动。受试者统一着装实验

室标准服装，从而消除不同服装热阻对受试者主观评价的影响

2. 实验方法

实验期间由实验人员向每名受试者讲解实验问卷、实验步骤和实验概况，受试者根据实验真实感受自主填写主观问卷。实验共历时160min，实验过程分为实验前适应期和实验期，分别在两个房间完成。实验开始前，为减少外界环境及代谢率对受试者的影响，要求受试者到达实验室后，在室温设定为20℃左右的房间按要求换上实验服装，静坐休息30min以适应实验室环境。期间由实验人员介绍实验内容和实验中所要注意的事项，并按照要求贴附热电偶测试仪。实验期在人工气候室内进行，历时130min，前90min为背景工况，后40min为局部送风工况，背景工况期间每10min对受试者进行一次生理参数测试以及热反应投票，而局部送风工况前10min，每2min对其生理参数及热反应进行一次测量；前20～30min，每5min测量一次；最后，10min测量一次。受试者在进行主观问卷填写的同时对人体生理参数和周围环境参数进行测量。

3. 实验测试平台及仪器

实验在重庆大学人工气候室内完成，该气候室尺寸为4m（长）×3m（宽）×2.7m（高），设在城市建设与环境工程学院实验楼一楼房间内，并采用聚苯乙烯泡沫复合板为围护结构，可有效避免室内外环境和噪声对其内部环境造成的干扰。人工气候室的空调系统由3台制冷机组、多组电加热器和一台加湿器组成，通过侧面百叶风口、顶部散流器和孔板风口等形式实现室内环境的营造，并由自动控制系统，实现气候室内环境参数的自动巡检、记录和控制，可精确控制气候室内的环境参数，实现不同实验工况的组合。该空调系统的控制指标如下：干球温度的控制范围为−5～40℃，精度为±0.2℃（低于10℃时为±0.5℃）；相对湿度的控制范围为15%～90%，精度为±5%。

局部气流刺激装置采用低噪声离心式鼓风机（输入功率90W、风量255m³/min、转速2800r/min、风压380Pa）实现。气流通过200mm×150mm的镀锌风管，并通过风管镶嵌的6个PTC加热器（2个500W和4个1000W）进行加热。

背景环境参数采用意大利LSI热舒适仪进行监测，测试期间保证热舒适仪在受试者身体附近，并且温湿度传感器位于距地面0.60m高度，即受试者腰部位置。局部送风参数采用日本加野麦克斯智能型环境测试仪A531进行测量，测量位置为距局部刺激部位0.10m处，仪器精度见表11-3。

热环境参数测试仪器 表11-2

传感器类型	测量范围	精　　度	响应时间
空气温度	−5～60℃	0～20℃：0.1℃； 20～40℃：0.133℃	90s
空气流速	0-20m/s	0～0.5m/s：0.05m/s；0.5～1.5m/s： 0.1m/s；>1.5m/s：4%	10s
气流湍流度	0～100%	—	
相对湿度	0～100%	±2%	90s
黑球温度	−40～80℃	—	20min

测试仪器参数   表 11-3

	温 度	湿 度	风 速
量程	0～60.0℃	2.0～98.0％RH	0.00～30m/s
分辨率	0.1℃	0.1％RH	0.00～9.99m/s 时为 0.01m/s
精度	±0.5℃	2.0～80％RH 时±2％RH， 80～98％RH 时±3.0％RH	读数的±2％m/s
响应时间	约 30s	约 15s	约 1s

注：皮肤温度的测量仪器选用美国 BIOPAC 公司生产的 MP150 型生理信号记录分析仪。

4. 实验方案设计

实验设计在偏冷环境下进行，主要研究局部热刺激对人体热舒适的调节作用。实验中的参数设置包括两个方面：背景环境温度、局部刺激温度。实验设计背景温度为 12℃ 和 14℃ 两个温度点，并且为了避免其他环境参数影响，背景环境风速设置为静风状态（风速≤0.1m/s），相对湿度维持在 60％～70％之间。局部环境送风参数选取依据预实验而定，每种背景工况下选取 3 种送风温度，且为避免局部气流对人体吹风感的影响，要求距离人体刺激部位 10cm 处的气流速度应小于 1.0m/s。具体实验工况设计见表 11-4。

实验工况设计   表 11-4

刺激部位	背景温度(℃)	送风温度(℃)
小腿	12	32
		42
		52
	14	27
		34
		40

通过人工气候室的温度、湿度测控设备，将环境空气温度控制在 12℃ 和 14℃，环境湿度控制在 60％附近。由于采用吊顶孔板送风，室内气流分布较均匀，背景环境中的气流平均速度约为 0.05m/s，处于无感风速区间。每种背景温度下小腿送风温度通过调整设备功率和风量以达到实验设计要求。将各实验工况下测得的实际热环境参数进行统计，如表 11-5 所示。从环境参数统计结果可以看出，实验期间室内热环境参数控制较好，各参数基本都处于实验设定范围内。

实验室环境参数一览表（平均值±标准差）   表 11-5

干球温度(℃)		黑球温度(℃)		空气流速(m/s)		相对湿度(％)	
背景	局部	背景	局部	背景	局部	背景	局部
12.1±0.4	33.0±0.9	12.7±0.2	13.8±0.8	0.05±0.02	0.50±0.13	64.6±4.6	23.4±2.9
12.3±0.4	42.1±1.3	12.8±0.4	13.3±0.4	0.05±0.13	0.90±0.17	64.3±3.6	14.5±1.6
12.2±0.6	52.8±1.2	12.7±0.3	13.5±0.5	0.05±0.00	0.81±0.12	64.4±3.5	9.8±0.9
14.2±0.4	27.2±1.2	14.9±0.3	15.1±0.3	0.08±0.06	0.54±0.14	63.6±3.5	36.1±3.5
14.3±0.5	33.2±0.8	14.7±0.2	15.4±0.8	0.05±0.03	0.49±0.13	64.5±3.2	27.0±3.8
14.1±0.4	41.5±1.4	14.8±0.3	15.0±0.4	0.07±0.04	0.67±0.21	64.2±3.4	18.4±3.9

11.2.2　实验结果与讨论

1. 平均皮肤温度随时间的变化

采用 8 点法计算出平均皮肤温度，将各背景环境不同送风工况下同一时间所得数据进行算术平均，得到不同工况下身体平均皮肤温度随时间的变化曲线，如图 11-3 和图 11-4 所示。

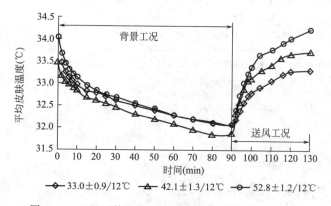

图 11-3　12℃环境温度下平均皮肤温度随时间的变化

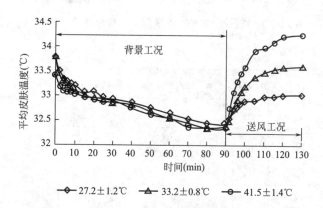

图 11-4　14℃环境温度下平均皮肤温度随时间的变化

从图 11-3 和图 11-4 可知，每种工况下，小腿送风对平均皮肤温度的影响趋势是一致的，局部环境温度突然升高，促使热量带到局部皮肤表面，导致局部皮肤温度的显著升高，并由于人体的体温调节系统作用，皮肤表层的血管舒张，血流量增大，使平均皮肤温度上升。在 12℃和 14℃背景工况下，平均皮肤温度在实验开始后大约 10min 内急剧下降，并随暴露时间的递增，逐渐趋于稳定。在 12℃时，平均皮肤温度大约在 80min 趋于稳定，而 14℃时稳定时间较短，约为 70min。这主要是因为从中性环境突然过渡到偏冷环境，人体通过体温调节，收缩血管，减少血液与皮肤表面的换热量来降低皮肤温度，维持身体热平衡。并且与热感觉稳定时间相比，平均皮肤温度稳定时间较长，热感觉出现"超前"现象，这与大多学者的研究结果相一致。

局部送风时，不同背景工况下，送风温度越高对平均皮肤温度的影响越大，且皮肤温度的稳定时间越长。仅当背景温度为 12℃，T_s 为 52.8±1.2℃时，平均皮肤温度未达到稳定，其他各工况均在 120min 时达到稳定；相对于 12℃背景工况，14℃背景工况下的平均皮肤温度稳定时间较短，三种工况平均皮肤温度的稳定时间大约为 110min、115min 和 120min。

2. 局部热感觉的对比

将每种背景工况和送风工况下各部位热感觉稳定以后时刻所得数据进行算术平均，得到不同工况下，小腿送风前后身体各部位热感觉的变化情况，如图 11-5 和图 11-6 所示。

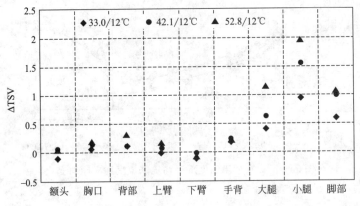

图 11-5　12℃背景工况下送风前后各局部热感觉的变化

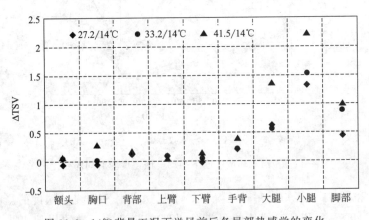

图 11-6　14℃背景工况下送风前后各局部热感觉的变化

从图 11-5、图 11-6 可以看出，当环境温度为 12℃时，大腿、小腿和脚部的热感觉变化值较大，分布在 0.4~2.0 范围内；其他部位热感觉变化值相对较小，分布在-0.2~0.3 范围内，且各部位热感觉的变化值随送风温度的升高而增加；当环境温度为 14℃时，各局部热感觉变化值与 12℃时的结果相似，并且手背、大腿和小腿热感觉的变化值较 12℃时的变化更为明显。两种背景环境下手背、大腿、小腿和脚部的平均热感觉均偏离热中性较大，其他部位偏离热中性较小。因为手背、大腿，小腿和脚部距离体内产热源比较远，处于肢体末端，且考虑血流量、神经末梢等因素均与身体其他部位不相同，故造成其平均热感觉值不同于其他部位，平均热感觉较低的现象。

3. 送风参数对热感觉的影响

通过分析局部热感觉和整体热感觉在背景工况和送风工况下的变化情况，得出送风温度对人体下半身热感觉的改善较为显著。为反映热感觉随送风参数的变化规律，本节从送风参数分析其对大腿、小腿、脚部和整体热感觉的关系。取实验各背景工况下稳定时刻的大腿热感觉（$TSV_{大腿}$）、小腿热感觉（$TSV_{小腿}$）、脚部热感觉（$TSV_{脚部}$）与整体热感觉（$TSV_{整体}$），局部送风温度（T_s）与操作温度（T_{op}）的差值的平均值，得出各部位热感觉与送风温差的回归直线图，结果如图 11-7 所示。

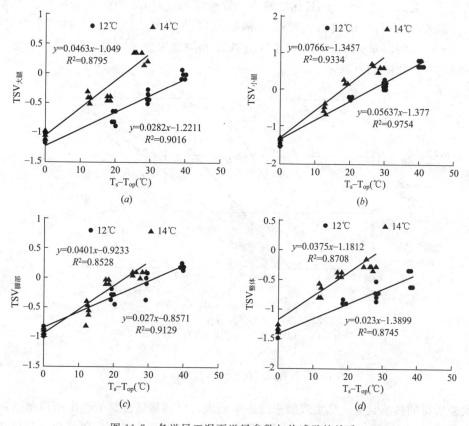

图 11-7　各送风工况下送风参数与热感觉的关系

从图 11-7 可知，当送风温差在 $0\sim40℃$ 范围内时，各背景温度下大腿、小腿、脚部和整体热感觉均随送风温差的增大而升高，并且各部位热感觉与送风参数呈现出良好的线性关系，相关系数 R^2 均大于 0.850（$P<0.001$），说明两者之间线性关系相当显著。回归直线的斜率表明各部位热感觉对送风温度的敏感度，两种背景温度下，局部热感觉对送风温度的敏感度从高到低依次为小腿、大腿、脚部和整体。并且在较高的背景温度下，各局部热感觉对送风温度更为敏感，因为在较高的背景温度下局部热感觉偏离热中性较小，对局部热刺激更为敏感，较小的送风温差即可将人体热感觉达到热中性状态。

4. 偏冷环境下小腿送风推荐温度范围

众多研究表明，当背景环境温度不能使人达到热舒适时，通过对局部的冷却或加热可以提高人体的热满意度。但人体单个部位的局部调节能力有限，并且很大程度上受到背景环境的影响。因此，本节针对背景温度为 12℃和 14℃时，分析小腿送风温度对整体热感觉的改善作用，并对小腿送风温度限值进行探讨。

上文已分析送风温差对热感觉的影响规律，可得出人体大腿、小腿、脚部和整体热感觉将随送风温差的升高而升高，并且同一送风工况下，小腿热感觉改善最为显著，热感觉差异最大。如果仅从整体热感觉随送风温差的变化分析小腿送风温度限值的话，将可能导致小腿送风温度过高，小腿热感觉偏热，导致局部不舒适感。因此，本节结合小腿热感觉与送风温差的关系，以 ASHRAE 标准的热感觉推荐值（－0.5，0.5）为依据，并考虑生活中人体腿部对热刺激的偏好，可适当调整腿部热感觉上限，若小腿热感觉范围取（－0.5，0.85）时，分析得出 12℃和 14℃工况下小腿送风温差的范围为 38.7～42.0℃和 18.4～28.9℃，如图 11-8 所示。

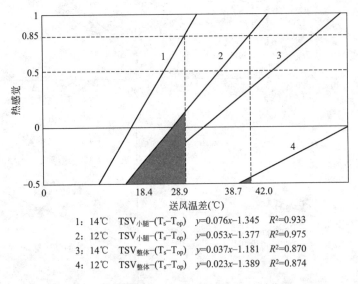

1: 14℃　$TSV_{小腿}-(T_s-T_{op})$　$y=0.076x-1.345$　$R^2=0.933$
2: 12℃　$TSV_{小腿}-(T_s-T_{op})$　$y=0.053x-1.377$　$R^2=0.975$
3: 14℃　$TSV_{整体}-(T_s-T_{op})$　$y=0.037x-1.181$　$R^2=0.870$
4: 12℃　$TSV_{整体}-(T_s-T_{op})$　$y=0.023x-1.389$　$R^2=0.874$

图 11-8　各背景工况下送风温差的限制范围

实验所得的热感觉受人员主观因素的影响较大，以热感觉投票值得出的局部送风温度限值有待验证。而人体生理参数具有很强的客观性，有必要从客观生理参数去验证送风温度范围是否会引起人体局部皮肤温度过高而带来的不舒适感。相关文献表明，当人体皮肤温度在 33～34℃时处于热中性状态（TSV＝0），在 35～37℃时开始有热的感觉（TSV 在 0～1 之间），而在 37～39℃时，局部会产生强烈热感（TSV＞2）；皮肤温度达到 39℃以上时，局部部位将出现疼痛感，导致人体不舒适。

由于小腿皮肤温度与送风温差具有很强的线性关系，并随送风温差的升高而升高。由两者的线性回归方程可得出 12℃和 14℃的送风温差范围下小腿的皮肤温度范围，分别为 35.1～35.7℃和 32.5～35.0℃。两种送风温差范围内小腿皮肤温度范围均未达到 36℃，可认为在此送风温度范围内不会造成人体局部热不舒适。因此，38.7～42.0℃和 18.4～28.9℃的送风温差可作为在背景温度为 12℃和 14℃时人体通过小腿热刺激来改善人体热感觉的温度范围，可为冬季偏冷环境下室内热环境的营造和空调系统的设计提供理论依据。

本章参考文献

［1］　刘红.重庆地区建筑室内动态环境热舒适研究.重庆：重庆大学城市建设与环境工程学院，2009.

［2］　ASHRAE. ANSI/ASHRAE 55- 2010，Thermal environmental conditions for human occupancy. Atlanta：American Society of Heating，Refrigerating and Air Conditioning Engineer s，Inc. 2004.

［3］　ISO. International Standard 7726：Thermal Environment Instruments and Methods for Measuring Physical Quantities. Geneva：International Organization for Standardization，2005.

［4］　YAO RUNM ING，LI BAIZH AN，LIU JING. A theoretical adaptive model of thermal comfort-Adaptive Predicted Mean Vote（aPMV）. Building and Environment 2009，44：2089- 2096

［5］　周翔.偏热环境下人体热感觉影响因素及评价指标研究.北京：清华大学，2008.

［6］　Gagge A P，Stolwijk J A，Hardy J D. Comfort and thermal sensation and associated physiological responses at various ambient temperature. Environmental Research，1967. 1（1）：1-20.

［7］　Ken Parsons. Thermal comfort when moving from one environment to another. Adapting to Change：New Thinking on Comfort Cumberland Lodge，Windsor，UK，9-11 April 2010.

［8］　Chen-peng chen，Ruey-lung Hwang，Shih-Yin Chang，Yu-Ting Lu. Effect of temperature steps on human shin physiology and thermal sensation response. Building and Environment，2011.46（2）：2387-2397.

［9］　朱颖心.建筑环境学.北京：中国建筑工业出版社，2005.

第12章 典型地区居住建筑室内污染物现状调查研究

12.1 不同建筑设计形式居住建筑室内污染物分布研究

12.1.1 研究背景与目的

随着经济发展和城镇化进程的加快，我国新建了大量的居住建筑，人口加快涌入城市，在有限的用地范围下提高建筑密度就成为一种必然。高层住宅（特别是点式高层住宅）已经成为主要的居住建筑形式。

一方面，城市的建筑密度越来越大，建筑物越来越封闭，引起污染物的集聚；另一方面，大气环境污染日益严重、建筑内污染源不断增加，由此而产生的居住环境污染及其对居住健康的影响引起人们的广泛关注。相关研究表明，室内污染与居住者（特别是老人、儿童等敏感人群）的某些疾病有着明确而密切联系。长期低浓度吸入甲醛，会引起呼吸道疾病并引发癌症，儿童哮喘发病率增加。PM2.5会刺激呼吸道，引起支气管炎，依附于其上的其他污染物还会引癌。总挥发性有机物（TVOC）有刺激性，降低人体免疫力，严重时损伤脏器和造血功能。还有一些室内环境条件也是影响居住者健康的诱因或潜在因素。

居住建筑中污染物的来源主要分为室内和室外两个部分。室内污染源是装修与厨房油烟。相关研究表明，随着人们健康意识的增强，一年房龄以上的住宅中甲醛、TVOC等化学污染物超标率很低。而厨房油烟产生的颗粒物（依附有重金属和多环芳烃等物质）、燃烧产生的氮氧化物、一氧化碳成为室内主要污染源。室外污染则是汽车尾气污染、燃煤污染、工业与扬尘等。在我国，根据2014以来最新的环境污染报告分析，汽车尾气污染已经成为城市污染中的主要来源。随着人们生活质量的提高，私家车的数量也越来越多，汽车数量近十年呈井喷性的增长，从而汽车污染也越来越严重。截至2014年12月，全国机动车总量达到3亿辆，重庆市主城区现有汽车130余万辆，并且还在快速增长中。据有关专家学者研究：汽车排放的尾气中含有上千种化学物质，这些有害物质可以分为气体（一氧化碳、氮氧化合物和碳氢化合物、醛类等）和颗粒物（炭黑、焦油和重金属等）两大类。而研究表明，汽车尾气的排放高度主要在 0.3～2m 之间，正好是人体的呼吸范围，对人体健康损害非常严重。

房屋开发商在进行项目规划时，首先考虑的是经济利益的最大化，增加容积率成了最直接有效的手段。建筑师在设计时，注意力大多集中在地块的高效利用、建筑平面的功能布置、美观设计上，并且通过控制围护结构的热工性能来满足节能要求，而有时牺牲了住宅内外的通风、采光、噪声，更没有考虑室内环境污染问题。

影响建筑室内污染物分布的因素主要有污染源强度、大小与位置、室外风场状况、建筑平面形式（含户型结构）、居住者通风习惯等。

本章研究的目的首先是为了了解不同建筑设计形式和室外条件下居住建筑中污染物分布现状及区别。进一步，研究居住建筑平面形式对污染物分布的影响，得出典型平面形式在污染物分布上的特点，以便建筑设计人员在建筑设计的方案阶段就对要设计的建筑平面的污染物迁移和扩散有比较清楚的了解，能更进一步地优化建筑设计方案，有利于创造出真正"健康"的住宅建筑。

12.1.2　研究现状

广义的建筑设计（Architecture Design）是指设计一个建筑物或建筑群所要做的全部工作。这里所说的建筑设计是指"建筑学"范围内的工作，包括建筑内部各种使用功能和使用空间的合理安排，建筑物与周围环境与各种外部条件的协调配合，内部和外表的艺术效果，细部的构造方式，建筑与结构、建筑与各种设备等相关技术的综合协调，以及如何经济、节能、节材、省时地达到上述各种要求。建筑平面设计是建筑设计的基础，是居住建筑功能组织的合理性决定性因素，也是建筑空间组合设计的主要内容。

建筑设计是功能和形式的统一，包含了建筑群的规划布局、单个建筑形式、住宅户型布局三个层次。建筑设计形式的研究主要集中在结合一定气候条件下，充分有效利用土地空间、实现使用功能、满足人文审美要求，保证良好的日照、采光、通风。

在 20 世纪 40、50 年代，气候条件成为影响设计的重要因素。1963 年，V·奥戈雅完成了《设计结合气候：建筑地方主义的生物气候研究》，概括了 20 世纪 60 年代以前建筑设计与气候研究的各种成果，提出"生物气候地方主义"的设计理论。这个理论较大地影响了以后的建筑设计，例如德国 20 世纪 70 年代适应气候的节能建筑研究。印度的 C·柯里亚向来重视地方性建筑研究，提出了"形式追随气候"的设计方法论。马来西亚的杨经文结合热带气候提出"生物气候摩天大楼"（Bioclimate Skyscraper）的理论。

国家颁布实施的相关标准规范中对建筑室内环境设计参数都有明确的规定。在《住宅设计规范》中对日照的要求为："每套住宅至少应有一个居住空间能获得日照，当一套住宅的居住空间总数超过四个时，其中宜有两个获得日照"，对采光、通风的要求为："卧室、起居室、厨房的窗地面积比应不小于1/7，应有与室外空气直接流通的自然通风，可开启的通风面积应不小于房间地面面积5％"，对围护结构保温隔热的要求在节能设计标准中做出了规定。

居住建筑对日照、采光、通风的要求落实到设计层面就是设计建筑的朝向、间距、开窗位置和大小。对于大城市，由于人口增多、建筑密度增大，日照标准从 1987 年要求的冬至日 1h 满窗日照降低到目前要求的大中城市大寒日 2h 满窗日照，这种要求目前对于塔式高层建筑都难以达到，尤其是对于冬季日照率很低的山地城市重庆，居室开大窗是普遍现象。很多优秀的建筑作品都表现了房间明亮的采光特点。

在节能减排成为当前人类发展的重要议题后，人们开始关注建筑设计形式（围护结构保温隔热）对建筑能耗的影响，依据各地气候特点、地域特点来进行建筑设计研究。重庆属于典型的夏热冬冷地区，该区域的居住建筑实施《夏热冬冷地区居建筑节能设计标准》JGJ 134-2010。节能设计标准对建筑的外围护结构传热系数、热惰性指标、窗墙面积比及窗的传热系数和气密性、建筑的体形系数作了相应的规定，并采取限值法与对比法两种衡量方法来判断建筑达标与否，以期对建筑能耗从设计阶段进行控制。

建筑技术的研究者主要关注的是建筑设计形式对土地利用、功能、采光、通风与节能等方面的影响。其中自然通风会产生节能环保效益、健康效益与经济效益，其中健康效益就体现在对污染物的稀释和扩散上。通过气流流动，室外新鲜空气引入室内，排出室内的污浊空气，可以保障居住者拥有健康的室内空气品质。随着污染的加重和人们健康意识的增强，居住建筑环境问题成为国内外的研究的热点。一些建筑环境领域的研究关注室内污染源产生的污染物种类、发生规律和空间时间分布特征；一些研究关注污染物浓度检测手段与空气净化技术；还有学者开始尝试联合生物医学专业研究一些特定污染物与居住者疾病之间的生物学关系。

然而，较少有研究系统地将建筑设计形式、通风效果、污染源与室内污染物分布等串联起来。一方面，较少有研究室内污染源在不同建筑平面和户型布局下在室内的扩散问题。另一方面，对通风排除室内污染都是以室外空气处于清洁状况为假定前提的，没有考虑室外污染物作用于不同建筑形式向室内的迁移问题。建筑物的存在使得城市内部污染物的扩散行为更加复杂，动态的污染源、复杂的建筑边界条件以及风场的改变会影响污染物在该地区的扩散，进而影响到室内的污染物水平。受风的作用，建筑群周围产生局部湍流，这些湍流区控制着污染物的扩散。

12.1.3　研究的路线与方法

建筑物的布局、室外风场、污染源位置的共同作用，会对室外污染在居住建筑外部的扩散特点和浓度分布产生很大影响。重庆处于静风区，气象资料表明，重庆各地年平均风速 0.9～2.1m/s，是全国风速最小的地区之一。以主城区沙坪坝站的累年气象资料统计，全年静风频率 41%，偏北风占 39%，偏南风占 16%，东风占 4%，因此室外风场的条件是相对稳定的。在城市内主要污染物是交通产生的尾气，其对临街建筑影响较大。因此，有必要对临交通干线的建筑室外风场分布状况和污染物浓度分布情况加以研究和分析，进而研究典型建筑平面形式下其如何迁移进入室内，并对不同建筑平面形式对污染物迁移和扩散的影响加以评估。

在对重庆居住建筑平面调研的基础上总结出重庆地区最为典型的点式高层住宅建筑设计形式；选取一些典型的住宅建筑展开入户实测调查。先通过实测调查，了解重庆高层居住建筑中污染物分布的情况，及其与建筑形式、行为习惯这两个主要影响因素之间的关联，分析影响因素；进而，以常见的两种小区布局，四种典型建筑平面形式为重点研究对象，建立了物理模型和数学模型，以车道中汽车排放的尾气——氮氧化物为主要室外污染源，以油烟为室内污染源，通过计算机数值模拟该居住建筑的室外风场特点和污染物扩散情况，并以此为中间条件，模拟建筑内部的风场特点和污染物扩散情况，得出室内外污染源在不同建筑形式下向室内迁移与扩散的特点。

关于污染物在空间上扩散和分布的研究采用计算流体动力学 CFD（Computational Fluid Dynamics）的方法。一些研究从较大尺度上考虑城市街道峡谷问题。通过观察竖直剖面污染物浓度对街道两边建筑物的竖直结构提出优化建议，使街道峡谷的环境空气质量达标。也有人研究了更大范围内（如整个城市或上百千米区域）水平方向的污染物扩散问题。单一的大尺度研究没有将具体建筑设计形式，特别是建筑内部结构与污染物分布联系起来。现有关于室内外污染源对室内环境扩散的小尺度研究大多也是单个案例，没有比较不同建筑形式对污染物分布产生的不同影响。本章将大尺寸与小尺度串联起来进行模拟，以期建立污染源和室内污染物分布结果之间的联系。

12.1.4　重庆市居住建筑的典型设计形式

1. 重庆居住建筑类型

从我国居住建筑的发展历程可以看出，20世纪80年代以来，我国居住经历了从以多层为主到以高层为主，住宅平面也从板式为主到现在具有多样性，在经济发达地区与人口密集城市，点式正大量兴起并占据主导地位。

《建筑设计防火规范》GB 50016—2014中对高层建筑的定义为：十层或十层以上的居住建筑（包括首层设置商业服务网点的住宅）。其中广义的高层住宅建筑又分为一类高层住宅建筑和二类高层住宅建筑，根据《建筑设计防火规范》GB 50016—2014分类标准：居住类建筑中十九层及其十九层以上为一类高层建筑，十层至十八层的住宅为二类高层住宅。在重庆地区，综合考虑地址、造价和用地因素，高层住宅建筑以低于100m的一类高层建筑为主。

在《住宅设计规范》中，点式高层住宅有明确定义，以共用楼梯、电梯为核心布置多套住房的高层住宅。它是指以一组垂直交通枢纽为中心，各户环绕布置，不与其他单元拼接，独立自成一栋，因此点式住宅又称独立单元式住宅。

通过对大量10年内重庆新建住宅建筑的调研，发现重庆市点式高层住宅占比超过八成。根据相关数据，在近年成交的住宅中，高层住宅占比超过八成（见图12-1）。鉴于重庆地区的高层住宅建筑多以一类高层建筑居多，本章主要以一类高层点式住宅建筑为研究对象。

此外，随着人们对人室外环境的要求也越来越高，近十年新建的住宅项目，大多以小区

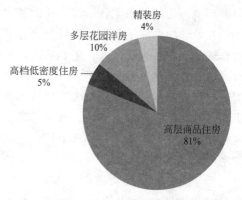

图12-1　住宅类型分布情况
（2013年重庆春季房交会数据）

的形式出现，高层建筑之间的公共空间有大量的园林绿化设计。所以，本章的研究对象都是位于小区内的高层住宅。

2. 点式住宅与板式住宅

点式高层建筑和板式高层建筑作为高层建筑的两个基本形式，有其各自的优势：点式高层建筑节地性较强，可以照顾不同方向的景观面，体形活泼多变，空间结构灵活，强度高，利于结构抗震。但其缺点就是大多住户只能拥有一至两个方向的朝向，甚至会出现"阳光贫困户"，北向的住户几乎一年四季见不到阳光，东向和西向住宅也只有半天的日照时间，这样的布局使日照时间短成为无法改变的永久性缺憾。户内常常会出现打开窗户没有穿堂风的情况发生。住户为了通风，只好打开入户门，利用楼梯间通风，但又会影响家庭的私密性和安全性，同时楼梯间通常也作为垃圾间，其空气可能受到污染。

相比点式建筑，板式建筑不如点式建筑节地性强，但其通风采光性能好，核心筒多偏心设计，易于核心筒和楼梯间部分的自然采光，且户数一般不会太多，更易于创造高品质的住宅建筑。

重庆以丘陵、低山为主，山地建筑用地以坡地为主（零散分散，高低不平），同时规划要求显山露水，对高层建筑的面宽有严格限制。故在重庆地区，点式高层建筑多于板式高层建筑。《重庆市城市规划管理技术规定》中对点式高建筑定义为："建筑平面外廓基本成矩形，其长边与短边之比小于 2 的建筑的高层建筑。顾名思义，点式高层住宅实践就是建筑平面类似方形的建筑平面"。《重庆市城市规划管理技术规定》中对板式建筑定义为："又称条式建筑，指建筑平面外廓基本成矩形，其长边与短边之比大于或等于 2 的建筑，并且短边长度小于或等于 16 米"。条式建筑的短边称为山墙，山墙上可开设走道窗以及厨房、卫生间、储物间等次要房间窗。当开设有卧室、起居、办公等主要房间窗时，视为主要采光面。

同时，需要强调的是点式高层建筑由于节地性较强，具有很高的经济性，因此在土地价格日益高昂的大中城市，即使是平原城市，都占有越来越高的比例。

3. 点式高层居住建筑平面形式

单栋建筑设计的要素包括外轮廓平面、户型布局、垂直交通通道（楼梯间、电梯间）三个部分。其中外轮廓平面是最基础的因素。明确了住宅建筑平面的具体形式，结合建筑周围环境与污染源强度，该栋建筑的基本室内外环境特征就确定了。

在设计中，除了确保平面组合合理、功能分区明确，且根据建的功能要求确定各房间合理的面积、形状以外，还必须满足日照、采光、通风、保温、隔热、隔声、防潮、防水、防火、节能等方面的要求。为了满足不断发展的功能需求和性能要求，住宅设计不断创新，点式高层住宅的外轮廓形式逐步发展出了矩形、"蝶"形、"工"字形（"品"字形）、"井"字、T形、Y形、风车形等多种形式，以及单排式、错层式的组合形式。不同的外轮廓形式又对应了一些典型的户型结构和楼梯间布置方式，三者有机结合共同构成了住宅建筑的设计内容。

为了更好地概括重庆高层点式住宅的建筑平面形式，选取了 2005～2014 年重庆主城区有代表性的 30 余个住宅小区，共 50 户住宅建筑，通过查询重庆地理信息公共服务平台数据以及现场观察，将其建筑平面形式进行统计归类，发现有四种典型建筑平面出现的频率较高。通过对这四种典型建筑平面的初步分析，总结其几何特点及其对通风的影响。

（1）矩形

矩形是调研单体中常见形式。矩形形式的点式高层住宅平面有着平面利用率高，体形比较饱满，不容易受地形的限制，并且房间形状规则的优点。矩形平面有很多种户型组合形式，一般以一梯四户，一梯六户和一梯八户为主，特殊情况下甚至还会出现一梯十户或一梯十二户。矩形平面从一梯六户形式开始已经出现单面采光的户型楼栋轮廓，户型的品质和通风开始下降。随着户数的增加，由于受到楼栋体形系数的限制，楼栋总轮廓线的长度制约着采光面。当矩形平面楼层户数超过四户时，只能通过轮廓线凹处来解决采光不足的问题。到一梯六户时，单面采光的户型增加，凹槽也随之增加，这些因素都会对套型的通风和节能产生严重的影响。

（2）风车形

风车形具有公摊小、得房率高、户型通风采光较好的优点。在南方地区，人们对户型的朝向要求不高，即便是北朝向的户型也可以被市场接受，在这样的居住习惯下，楼栋轮廓线越舒展，每户的景观效果越好，居住舒适性就越高。重庆的风车住宅形多以一梯六户为主，每个套型都可以享受良好的通风和采光条件，一旦平面户数超过一梯六户，就会因面宽限制而产生单面或局部房间凹槽采光，这时受面宽限制而采用凹槽采光的户型通风情况就会受到严重的影响，甚至与之相邻的户型通风也会受影响。

公共空间的防烟楼梯间、消防电梯、前室和管道井集中布置在平面中心，形成一个"中心核"，户型则按两两组合的方式围绕"核"旋转布置，户型组合过程中形成的平面凹口正好为"中心核"提供自然采光与通风。平面户型主要有三种：一室一厅、二室二厅、三室二厅，套内空间组合方式主要有两种：内走道式和卧室分散式。套内功能布局方面，厨房、卫生间靠"中心核"布置，通过平面凹口采光通风，卧室、客厅则靠南侧外墙布置，争取有较好的朝向；餐厅与客厅并排布置，不做明确的空间分隔；每个户型配备有空中庭院（见图 12-2）。

图 12-2　风车形建筑平面

（3）蝶形

蝶形平面是"井"字形平面的变形。从平面形式看比较活跃、有变化，多为一梯八户

（见图 12-3）。使用剪力墙结构。近期在一些中高档楼盘中应用较多。其优点是：较好地解决了高层"井"字形户型朝向的问题。基本照顾了每一户的关系，且对于正南北向的四户做到了客厅采光良好；剪力墙解决了隐梁柱的问题；平面新颖，亦使立面变得丰富有趣。其缺点：由于出现了45°斜向问题，造成一些户型中厅房不规则、不方正，在家具布置上出现困难，额外增加了公共面积，使分摊面积变大，户型的实用率降低，对销售有一定的影响。

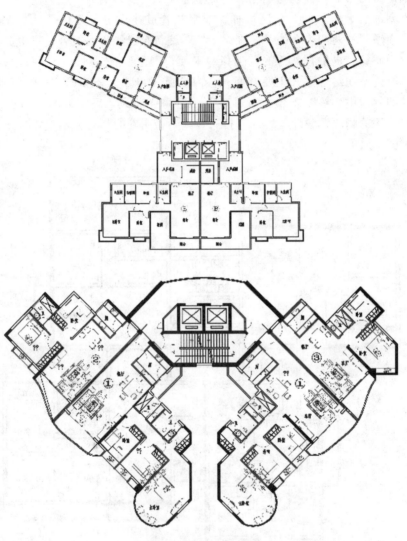

图 12-3　蝶形建筑平面

（4）"工"字形

"工"字形可分为中心核心筒（见图 12-4）和偏心核心筒两种布置方式。套型分别布置在核心筒的南北两侧。这样的布局方式，由于套型在两侧的集中，自然地使核心筒能够获得较充足的采光和通风条件。同时，由于套型集中而产生的较大体量上的凹口，能够有效地为两侧套型提供良好的通风和采光。

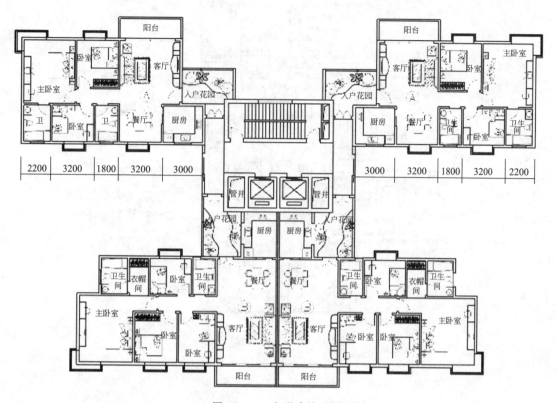

图 12-4　工字形建筑平面

（5）"井"字形

"井"字形平面（见图 12-5）是我国高层住宅中最为常见的形式之一，在重庆也是比较常见的，其主要特点是：每层 6 户或者根据实际情况布置户数，四个方位各有一开 L1 天井，以解决采光通风，平面形似"井"字。"井"字形住宅户型平面（不超过六户时）有三面临空，采光和通风条件较好。其最大的缺点是局部户型朝向较差，不过在重庆，人们并不是太注重朝向。

（6）"T"字形和"Y"形

"T"形、"Y"形（见图 12-6）可以认为是在"井"字形的基础上衍生出来的两种形式。一般以一梯六户或八户为主，采光、通风较好，户型限制较少，其缺点是用地不够紧凑。

（7）其他形式

此外，还有些在重庆比较不常见的一些建筑平面形式。V 形和 L 形是调研中所占比例靠后的两种建筑平面形式。

V 形最常用于北方，因北方地区单体栋楼每户都需要较好的朝向而产生，在重庆地区，由调研数据可知，V 形平面在所有形式中所占比重最少。一般来说，V 形适合建于日照要求较高的地区或用地范围内某一方景观较好的地段。该建筑平面形式的缺点是：当户型超过一楼六户时，采光、通风都易受限，且受限性较其他形式更大。L 形多出现在重庆江景项目中，L 形可以更多地增加户型的观景面，但因其平面不够紧凑导致用地不经济，

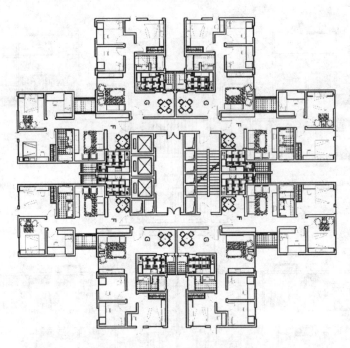

图 12-5 "井"字形建筑平面

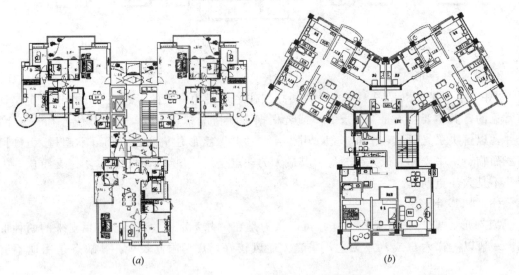

(a)   (b)

图 12-6 "T"形和"Y"形建筑平面
(a) "T"形建筑平面；(b) "Y"形建筑平面

一般用于有特殊要求的地段，比如：有特殊地形限制和特殊的观景面时（见图12-7）。L形建筑若采用外廊式设计时，在实现每户都能享受到较好江景的同时，改善了通风性能，但此时套型的隐私性会降低，这种外廊式的套型必然出现卫生间或厨房会向走道开窗。

随着城市化的不断发展，城市用地日益紧张，往往会出现用地范围小，土地价值高的情况，这时，开发者往往采用高容积率的手段来回收成本。在寸土寸金的用地范围里，建筑师只能结合用地的实际情况来创造特殊的栋楼外轮廓线。

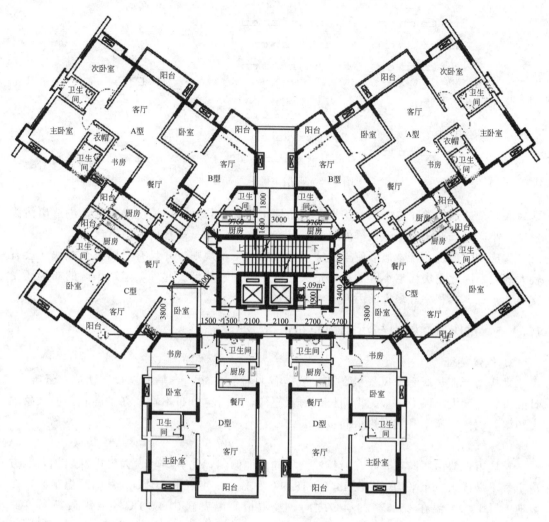

图 12-7 L 形建筑平面

通过前面的归纳和总结，可以得知：每种不同的栋楼外轮廓线类型随每层户数的增加，都会产生对居住品质和建筑节能的影响。任何栋楼外轮廓类型都无法避免当户数过多而产生居住品质下降的问题。由于楼栋的体形系数限制了总轮廓线的长度和采光，当楼栋的户数增多时，一般来说当超过一梯六户时必然出现由于面宽限制而仅通过一个面来实现采光的户型，这样的户型必然会产生采光凹槽。凹槽采光增加了建筑的外表面积，体形系数增大导致节能材料增多，且单面采光的户型通风效果也不尽如人意。在实践中，通过增加夹巷或设置入户花园的形式，使得厨房、卫生间、内房间等具有外窗，从而改良通风、采光效果。

4. 住宅小区平面布局

根据几何特征，总结出图 12-8 中典型的简单布局，分别是行列式、错列式、斜列式布局、围和式布局和点式布局。

在小区规划中，塔式住宅摆脱了板式建筑惯有的兵营式排列，能更有效地利用不规则

图 12-8　典型小区平面布局图

地块和复杂地形，常在整个项目用地的边角地带设置并与园林环境生动搭配，创造出活泼景观。小区布局对于整个建筑群的景观、节能及污染物分布都有很大的影响。

重庆市的低山、丘陵地形使得住宅用地形状非常不规则，并且有时同一个地块还会有较大高差，因此重庆住宅小区的布局很大程度上受制于地形。此外，建筑小区的布局还受交通、景观、容积率等多方面因素影响。

12.1.5　重庆气候特点与污染物分布情况

1. 气候特征

重庆属中亚热湿润季风气候，其主要气候特征：冬暖、春旱、夏长、秋凉；云雾多，日照少，湿度大，风力小，无霜期长；雨量充沛，却时空分布不均；气候温和，但气象灾害频繁，气候资源丰富且光热水同步。

（1）气温

重庆市地势由西向东升高，沿长江河谷向南北倾斜，北有秦岭、大巴山脉阻挡，北方冷空气不易侵入。年平均气温在 14.9～18.9℃左右，一年之中 7 月、8 月的气温最高，多数地方月平均气温在 25.5～29.4℃之间，极端最高温度高达 44.1℃。全年最高温度≥35℃的日数可达 36.4～41.2d 之多，为长江三大"火炉"之一。一年之中 1 月气温最低，多数地方月平均气温为 2.8～7.2℃，个别地方（如綦江）在 10℃以上，是同纬度无霜期最长的地区。

（2）降水

重庆市常年雨量充沛，常年降水量 1000～1400mm，但分配不均，主要降水量都集中在 4～9 月，占全年雨量的 70%～90%，其中 6～8 月的降水量可达全年的 50% 以上。一年之中春夏之交（4～6 月）和秋季（9～10 月）是降雨日数最多的时期，往往阴雨绵绵。雨日最少的是夏季（7～8 月），平均不足 10d，有时 30～40d 竟无一次降雨天气，形成严重的高温伏旱时段。降雨多在夜晚，特别是在春夏之交。夜雨总量约占年降雨量的 60%～70%，"巴山夜雨"自古有名。

（3）日照

重庆地区年平均日照时数为 980～1580h，仅为可照时数的 24%～36%，是全国日照最少的地区之一。在 7 月、8 月副热带高压控制时，全市晴天少云，高温暑热严重，此时的月日照时数可达 200～250h。整个夏季（5～9 月）日照时数占全年的 80% 以上，而全年日照时数最少的冬季，甚至可能出现全月无日照的情况。

（4）风

重庆市地形复杂，常年风速较小，年平均在 0.9～2.1m/s 之间，且多数地方在 1m/s 左右。静风频率多数地方在 50% 左右，万县静风频率竟高达 72%。一般在海拔较高、四周地形开阔以及山口河谷地带，风速相对大一些。夏季雷雨天气时，常伴有阵性大风，风速在 17～25m/s 之间。

（5）雾

多雾是重庆气候一大特点，年平均雾日 67.8d（沙坪坝），最多年份达 148d，雾成之后不易消散，形成大雾笼罩，素有"雾都"、"雾重庆"之称。随着气候变化和城市规模的扩大，近年来雾在城市中呈减少趋势，市区年平均雾日 50 次左右。雾一般在早晨生成，到午后消失，多在冬春季节和深秋出现。12 月和 1 月雾日最多，平均为 10d 左右，最多的年份达 22d。

在建筑气候划分上，重庆地区虽然属于夏热冬冷地区，但是由以上对其气候状况的具体分析来看，重庆地区的气候有其特殊性，即气候问题的主要矛盾在于夏季湿热的气候状况。

2. 大气环境

根据《2014 重庆环境状况公报》，2014 年重庆市主城区空气质量达标天数为 246d（占 67.4%）；超标天数为 119d（占 32.6%）。主城区环境空气中可吸入颗粒物（PM10）、细颗粒物（PM2.5）、二氧化硫（SO_2）、二氧化氮（NO_2）年均浓度分别为 $98\mu g/m^3$、$65\mu g/m^3$、$24\mu g/m^3$、$39\mu g/m^3$；一氧化碳（CO）浓度（CO 日均浓度的第 95 百分位数）、臭氧（O_3）浓度（日最大 8 小时平均浓度的第 90 百分位数）分别为 $1.8mg/m^3$ 和 $146\mu g/m^3$；其中浓度均达到国家环境空气质量二级标准，PM10、PM2.5 浓度分别超标 0.40 倍、0.86 倍。

全市二氧化硫排放量 52.69 万 t；氮氧化物排放量 35.50 万 t，其中工业排放量 23.37 万 t、机动车排放量 11.70 万 t、城镇生活源及其他排放量 0.43 万 t；烟（粉）尘排放量 22.61 万 t，其中工业排放量 21.47 万 t、城镇生活源排放量 0.41 万 t、机动车排放量 0.73 万 t。

12.2 室内污染物对居民健康的影响

室内污染物对居民健康的影响主要以东部沿海地区为例进行分析，通过实测和问卷调查的方式进行研究，其主要研究结果如下：

（1）被调查住宅建筑中，超过半数为 2000 年以后建设，96% 的住宅位于居民区，40% 的住宅位于小区边上，毗邻市政马路；71% 的住宅附近过往车辆密度大，会出现交通堵塞现象；87% 的居住区有不同数量的绿化面积；住宅内地板装修材料使用最多的是实木地板（68%），内墙装修材料使用最多的是乳胶漆（70%），新购家具材质占投票比最高的是实木喷漆（50%）；绝大部分住宅采用自然通风或混合通风（96%），空调的使用相当普遍（夏季 93%，冬季 79%），但几乎所有的住宅都没有加湿装置（97%）。

（2）日常生活中，绝大部分被调查者卫生习惯良好，平均每天处理一次垃圾，每1～3d进行一次大扫除，每半月清洗一次床上用品；在空调使用方面，76%的人在换季开始使用时清洗空调，空调季门窗关闭时间多于平常（7%相比于0%）；在空气品质关注方面，74%的人表示比较关注，且最关注的污染物为灰尘和化学物质，77%的人通常选择加强通风来改善室内空气品质；此外，70%的被调查者表示厨房有一点油烟，80%的人没有饲养宠物，66%的人摆放室内植物，大部分人不在室内吸烟。

（3）针对热湿环境调查发现，大部分被调查者在夏冬两季热感觉受外界气候影响明显（30%的人处于热中性），55%的人反映不同房间之间存在温差（特别是朝南与朝北的房间），54%的被调查者反映在梅雨季节，环境潮湿不同程度地影响了睡眠，冬季客厅和儿童卧室的窗户窗框上结露问题比较普遍。针对室内空气品质满意度调查发现，有46%的人对室内空气质量不满意，被调查者最不能忍受的影响室内空气品质的因素是异味感，最普遍的异味为油烟味。此外，仍有43%的人不了解PM2.5；针对光环境的调查发现，10%的住宅日照不足，主要原因是受相邻建筑影响；43%的人因夜间光线太亮而影响睡眠；针对声环境调查发现，37%的住宅存在长期噪声干扰问题，且噪声主要来源是交通噪声。

（4）健康状况调查发现，老年人患心脑血管疾病、呼吸道疾病的比例较高，成年人患呼吸道疾病和消化道疾病的比例较高，儿童患呼吸道疾病的比例较高。青少年综合患病率最低，成年人的综合患病率最高。未发现严重的SBS症状。儿童健康调查发现，近1年内，鼻炎的发病率最高为57%，湿疹发病率为15%，花粉症发病率为11%。经医生诊断的儿童疾病，患病率由高到低依次为肺炎（41%）、哮吼（26%）、耳炎（23%）、哮喘（11%）。

（5）77%的人对卧室的空气品质特别关注，希望进行检测。

（6）依据《室内空气质量标准》GB/T 18883-2002、《环境空气质量标准》GB 3095-2012、《民用建筑室内热湿环境评价标准》GB/T 50785-2012和美国ASHRAE舒适标准得到环境参数检测结论如下：在测量期间，各住户卧室的温度和相对湿度整体比较接近，温度在20℃左右波动，相对湿度变化范围为40%～70%，住宅内的热湿环境满足热舒适的要求；只有21%（4户）的住户，卧室CO_2浓度整晚平均值低于1000ppm，符合《室内空气质量标准》GB/T 18883-2002的要求，95%的住户卧室CO_2浓度整晚平均值低于2500ppm，瞬时测量值最高达5000ppm；只有1户甲醛超出国家标准限值，所有住户甲醛浓度均超过0.05mg/m³，未发现苯系物超标；只有住户2的三个测点、住户1的厨房和住户5的客厅的PM2.5浓度达到二级标准要求，其余均严重超标。

12.3 居住环境与居民健康的关联性

调查了东部沿海地区与居民健康相关的13项生活习惯和环境因素，分别为打扫卫生频次、垃圾处理频次、室内是否放置植物、床上用品更换频次、晾晒衣物频次、室内吸烟与否、电脑使用情况、空调季开窗情况、室内油烟情况、室内潮湿情况、室内有无异味、室内灰尘情况、日照是否充足。结果如表12-1所示，其中，OR值（Odds Ratio，即优势比）大于1代表自变量是应变量的危险因素，自变量每增加一个单位，患病率相应增加

100＊（OR-1）％。在这13项因素中，与居民慢性病患病率显著相关的是床上用品更换频次和室内吸烟，与居民呼吸道疾病患病率显著相关的是垃圾处理频次，与皮肤病患病率显著相关的是打扫卫生频次、室内油烟情况、室内潮湿情况和室内有无异味。未发现对消化道类疾病和风湿类疾病具有显著影响的因素。

居住环境与居民健康关联性分析结果（单变量 Logistic 回归分析）　　　表 12-1

项目	OR 值(95％置信区间)		
	慢性病	呼吸道疾病	皮肤病
打扫卫生	0.743(0.532,1.038)	0.868(0.611,1.233)	**0.714(0.522,0.978)**
垃圾处理频次	0.802(0.614,1.047)	**0.756(0.572,0.998)**	0.998(0.775,1.286)
床上用品更换	**0.751(0.575,0.981)**	0.897(0.679,1.186)	0.958(0.747,1.229)
吸烟	**1.499(1.039,2.163)**	0.973(0.669,1.415)	1.061(0.759,1.483)
油烟	0.777(0.577,1.046)	1.167(0.852,1.599)	**1.455(1.096,1.932)**
潮湿感	1.487(0.867,2.550)	1.400(0.792,2.475)	**1.838(1.132,2.985)**
异味	1.025(0.731,1.437)	0.957(0.670,1.368)	**1.422(1.033,1.957)**

注：粗体数值代表 P＜0.05。

将单变量分析中 P＜0.05 的因素引入 Logistic 回归模型，进行多变量 logistic 回归分析，结果如表 12-2 所示。经常更换床上用品可使慢性病患病率降低 25％，而室内吸烟则会使患病率增加 50.2％。对于皮肤病，经常打扫卫生可降低 25.9％的患病率，而室内潮湿、油烟、异味问题可分别使患病率增加 71.2％、35.7％和 34.5％。由表 12-1 可以看到，经常处理垃圾可降低呼吸道疾病的患病率。

同样地，对儿童健康与居住环境的关联性进行了分析。如图 12-9 所示，住宅内油烟过多、灰尘过多均是儿童呼吸性疾病的危险因素，灰尘过多是儿童过敏性疾病的危险因素，而住宅内油烟过多、存在潮湿问题则是儿童湿疹的危险因素，其他因素未发现显著性影响。表 12-3 给出进一步的多变量分析结果，可以看到，灰尘过多使儿童呼吸性疾病、过敏症、湿疹的患病率分别增加 38.1％、51.6％和 50.5％。在灰尘状况相同的前提下，油烟过多会使儿童呼吸性疾病患病率增加 43.4％，存在潮湿问题会使儿童湿疹患病率增加 70.4％。

经上述分析可以得出：

（1）经常打扫卫生、更换床上用品、处理垃圾等良好卫生习惯可降低居民患病率，而室内吸烟、油烟、潮湿、异味是引起居民健康问题的危险因素。

（2）住宅内灰尘过多会使儿童呼吸性疾病、过敏性疾病和湿疹的患病率均显著升高。此外，油烟、潮湿问题分别是儿童呼吸性疾病和湿疹的危险因素。

居住环境与居民健康关联性分析结果（多变量 Logistic 回归分析）　　　表 12-2

变　量	β	P	OR＝exp(β)	95％CI
慢性病				
床上用品更换	−0.287	0.035	0.750	0.574～0.980
吸烟	0.407	0.030	1.502	1.040～2.170
皮肤病				
打扫卫生	−0.300	0.065	0.741	0.539～1.018
油烟	0.305	0.038	1.357	1.017～1.809
潮湿感	0.538	0.032	1.712	1.048～2.796
异味	0.296	0.074	1.345	0.972～1.861

居住环境与儿童健康关联性分析结果（多变量 Logistic 回归分析）　　表 12-3

变　量	β	P	OR＝exp(β)	95％CI
呼吸性疾病				
灰尘	0.323	0.007	1.381	1.091～1.749
油烟	0.360	0.016	1.434	1.070～1.922
湿疹				
灰尘	0.409	0.010	1.505	1.103～2.052
潮湿感	0.056	0.050	1.744	1.001～3.048

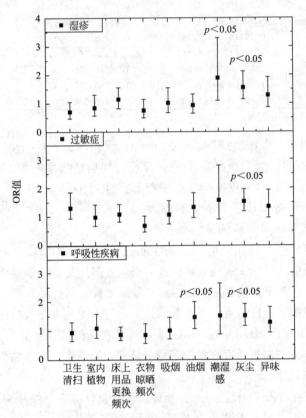

图 12-9　居住环境与儿童健康关联性分析结果（单变量 Logistic 回归分析）

第13章 典型地区居住环境对儿童健康影响的调查研究

13.1 室内通风对儿童哮喘及过敏性疾病影响研究

通风可以引入室外的新鲜空气稀释室内污染的空气，如厨房烹饪产生的油烟、室内人员吸烟产生的烟雾、装修产生的有机化合物等，提高室内空气品质，保持室内空气的洁净度，是有效改善室内环境的主要手段之一。研究表明，建筑潮湿、室内装修、烟草烟雾、尘螨等都是引发哮喘的危险因素。相反，通风不足则会引起室内凝水和潮湿，而室内材料表面过于潮湿会导致微生物的生长，使得释放到室内空气中的孢子、细胞、MVOCs等物质增多，影响室内空气质量，对儿童哮喘及过敏性疾病的产生有重要影响。

大量研究表明，较低的通风率对人体健康不利，芬兰的一项研究表明当办公室的新风量小于 $25L/(s \cdot 人)$ 时，办公室人员对于健康和舒适问题的抱怨增加，降低其工作效率。Sundell 根据在瑞典、美国、芬兰、丹麦、加拿大及挪威进行的研究得出低通风率与过敏性疾病、病态建筑综合症与呼吸道疾病有关。国外有研究指出通风率与室内潮湿之间存在负相关，且充分的通风可以有效降低室内潮湿，从而降低儿童患哮喘及过敏性疾病的风险。

13.1.1 现场研究方法

通过现场调查和入户测试获得重庆地区居住建筑的实际换气次数，分析验证居住建筑室内通风与儿童哮喘及过敏性疾病的关系。主要研究内容包括：

（1）重庆地区住宅室内换气次数现状分析；

（2）住宅室内换气次数与儿童哮喘及过敏性疾病的剂量—反应关系。

1. 入户测试

由国内外的研究可知，室内不良气味感知、潮湿现象、新家具及重新装修都是儿童哮喘及过敏性疾病的危险因素，且住宅开窗通风可以切实改善室内环境，尤其是室内气味和潮湿现象，进而降低儿童哮喘及过敏性疾病的发病率。为了进一步分析具体的通风量和室内环境的关系，对重庆地区的住宅进行了实测验证。

本测试随机选取了位于重庆6个主城区（沙坪坝区、江北区、渝北区、南岸区、九龙坡区、大渡口区）的居民住宅进行现场测试和问卷调研，室内环境测试参数包括温湿度和二氧化碳浓度（24h连续监测），根据获得的52户有效样本使用二氧化碳示踪气体法进行住宅换气次数的计算，对住宅换气次数与可能诱发儿童哮喘及过敏性疾病的室内不良环境进行相关性分析，探讨住宅通风量对儿童健康的影响，为营造健康舒适的室内居住环境提供依据。

被调查建筑大部分建于2000年之后，2001～2005年之间的建筑占总建筑的52.1%，

2006 年至今的建筑占 25.0%。住宅装修的情况根据住户报道的第一次装修时间及重新装修时间来确定，并根据最近一次装修时间距离本次测试的时间来划分，将住宅装修时间分为三类，即 2 年内装修、2～5 年内装修和装修 5 年以上。图 13-1 给出了在不同建筑年代中的装修时间百分比，从中可以看出，2000 年之前和 2001～2005 年的绝大部分建筑装修时间在 5 年以上，2006 年至今的建筑中 81.8% 的建筑装修时间在 2～5 年之间，年代越早的建筑装修时间也越早，在被调查建筑中有重新装修行为的家庭只占 9.8%。

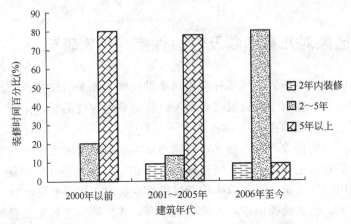

图 13-1　建筑年代与装修时间之间关系的比较

2. 室内换气次数计算

住宅换气次数是评价室内环境的一个重要参数。瑞典的一项研究发现，室内较低的换气次数是哮喘和过敏性疾病的危险因素。在采用自然通风的居住建筑中，示踪气体技术是计算室内换气次数的唯一方法，但是它在居住建筑中的应用受到限制：示踪气体仪器会占用较大的空间并且需要使用混合风机先将示踪气体与室内气体混合均匀，这是两个主要问题。在自然通风居住建筑中一般都采用全氟化碳示踪气体（PFT）方法，但这个方法的费用高昂且在测试阶段（1～3 周）只能获得通风换气次数的平均值。

研究采用 CO_2 作为示踪气体来计算室内的换气次数。基于在室人员释放的 CO_2 进行计算，可以实时监测室内任何区域 CO_2 浓度的变化，既可以计算测试房间的平均换气次数，也可以获得某个时间段的瞬时值。因此，采用 CO_2 示踪气体计算室内换气次数具有一系列优点：简单方便、便宜、不需要耗材、仪器容易获得。使用这种方式容易受到环境及人员的干扰，只能对某个较小的区域进行测量，所以测试结果不是很精确，但其用来研究室内通风对儿童哮喘的影响已经足够。

采用 CO_2 作为示踪气体计算室内换气次数涵盖了房间有人时 CO_2 浓度上升阶段和房间没人时浓度下降阶段，捷克技术大学机械工程学院环境工程系的博士生 Ing. Petra Sťávová 对该方法进行了深入的研究，他得出一种新的计算方法 PIT（Parametric Iteration Technique，即参数迭代法），可用在 CO_2 浓度上升阶段和 CO_2 浓度下降阶段来计算室内换气次数，每个时间间隔 $\Delta\tau$ 内的 CO_2 浓度的增加 Δc 可以用瞬时流量速率来表达，PIT 方法计算用 CO_2 作为示踪气体的室内换气次数的具体公式和过程如下：

$$\Delta c = \frac{\Delta\tau}{V_{zone}} \cdot [F_{CO_2} - N \cdot V_{zone} \cdot (c_1 - c_e)] \tag{13-1}$$

$$\Delta c = c_2 - c_1 \tag{13-2}$$

$$F_{CO_2} = RQ \frac{0.00056028 \cdot H^{0.725} \cdot W^{0.425} \cdot M}{(0.23 \cdot RQ + 0.77)} \tag{13-3}$$

式中　N——换气次数，h^{-1}；

$\quad c_1$——开始时室内 CO_2 浓度，ppm；

$\quad c_2$——后续时刻室内 CO_2 浓度，ppm；

$\quad c_e$——室外 CO_2 浓度，ppm；

$\quad \Delta\tau$——时间变化步长，s；

$\quad \Delta c$——$\Delta\tau$ 时间内室内 CO_2 浓度的变化，ppm；

$\quad V_{zone}$——房间体积，m^3；

$\quad F_{CO_2}$——室内 CO_2 释放率，m^3/s；

$\quad RQ$——呼吸商，一般为 0.83；

$\quad H$——在室人员身高，cm；

$\quad W$——在室人员身高，kg；

$\quad M$——单位表体积的新陈代谢率，met。

对每个时间进行迭代计算，可以得到理论的指数曲线，然后使用最小二乘法将拟合理论指数曲线与测得的数据，根据最优拟合结果计算得到室内的换气次数，即使下式的 $Error$（$c_{i,t}$）值最小的换气次数。

$$Error(c_{i,t}) = (c_i - c_{i,t})^2 \tag{13-4}$$

研究发现，室外的 CO_2 浓度在 24h 内的变化不大，因此本研究采用入户测试时的前 30min 的室外浓度作为背景浓度，同时记录住宅内各人员在室的时间情况，在室人员的身高、体重、测试期间 24h 的门窗开启情况及被测房间的体积。

本研究采用 MATLAB 计算室内换气次数。

13.1.2　调研结果分析

1. 室内 CO_2 浓度

图 13-2 为住宅室内的 CO_2 浓度分布。对住宅室内外的 CO_2 浓度进行了连续 24h 测试，每户住宅的 CO_2 浓度变化基本相似。由于卧室白天没人，CO_2 浓度随着被调查人员起床而逐渐降低，一段时间后降到一个平稳值；而晚上卧室 CO_2 浓度随着被调查人员进入卧室睡觉而升高，升高到动态平衡状态保持稳定。而客厅由于晚上没人，CO_2 浓度随之降低，降到一定值后不再有大波动，起床及下班回家这两个时刻，客厅 CO_2 浓度会随着人员进入客厅而升高，然后达到一个稳定状态。

虽然 CO_2 并不是污染物，但它可以作为室内空气品质的一个指标。因为室内 CO_2 浓度受到住宅体积、燃料燃烧和吸烟等因素影响，与室内的人员密集程度和通风换气密切相关。因此，CO_2 常用来表征室内通风换气的大小或室内新鲜空气的多少，也可以反映室内可能存在的其他有毒有害污染物的浓度水平。CO_2 浓度较低时对人体无危害，但其超过一定量时会影响人体的呼吸。在空气中 CO_2 的正常含量约为 400ppm，当室内 CO_2 浓度到达 700ppm，会感觉到有不良气味。

国家标准《室内空气质量标准》GB/T 18883-2002 规定 CO_2 的日平均值不应超过

0.10％，即1000ppm，另一个国家标准《室内空气中二氧化碳卫生标准》GB/T 17094-1997中指出室内空气中CO_2卫生标准值≤0.10％。两个标准中规定的居住室内CO_2浓度限值相同，都为1000ppm。被调查住宅室内的CO_2浓度情况如图13-2所示。

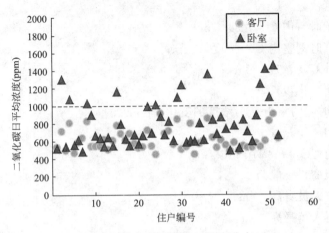

图13-2　住宅室内的CO_2浓度分布

　　由图13-2可知，在此次调研中，客厅内CO_2平均值均未超标，在446～911ppm之间波动，平均值为619ppm。客厅一般是公认的住宅中通风最好的房间，由于各住户的开窗习惯的不同，客厅平均CO_2浓度的变化较大。卧室是人们睡觉的地方，重庆位于南方，冬季并未供暖，室外湿度大，冬天的重庆给人一种湿冷的感觉，因此很多住户在晚上睡觉时都会关窗，导致部分住宅晚上卧室CO_2浓度超过1000ppm。从图13-2中卧室的平均CO_2浓度中可见，有10户住宅平均CO_2浓度超过1000ppm的限值，超标率达到19.2％，且最高的平均CO_2浓度达到1416ppm。卧室平均CO_2浓度的最小值为486ppm，与室外浓度较为接近，平均值为807ppm，高于客厅CO_2浓度的平均值。在调研过程中，询问住户开窗习惯得知，大部分住宅客厅白天一般都会开窗，而卧室只在起床时进行开窗通风，一两个小时后就会将窗户关上，导致卧室CO_2浓度高于客厅。

2. 住宅室内通风现状

　　由于测试在冬季进行，且部分住户有儿童在家，因此测试期间大部分住户只会在早上对住宅进行通风换气，晚上睡觉一般都门窗紧闭或窗户留一条小缝，通风量较小。由于住宅室内白天和晚上的通风量不同，因此将其分成两个时间段对客厅和卧室的通风量分别计算。

　　室内通风换气是降低人们污染暴露的一种有效手段，它借助换气稀释或通风排除等手段，控制空气污染物的传播与危害。最佳的换气次数可以通过目标污染物的浓度（不能引起任何健康问题）和最低能耗的要求计算得出，既然目标化合物的种类和浓度现在都是未知，那么这样的评估方式就不适用了。所以现行有效的标准都是基于人体健康的要求而制定的。

　　为保证可接受的室内空气品质，ASHRAE Standard 62.2规定了机械和自然通风的最低要求。由于室内人员和房间面积的不同，换气次数可在$0.2～0.4h^{-1}$之间浮动，虽然这个标准的目的是为了保证可接受的室内空气品质，但它没有考虑室内污染物部分。如前所述，这些问题没有被纳入在最小换气次数的标准中，并且只是提及了可接受的室内空气品质，而并非健康的室内环境。

现行欧洲的标准通常会详细地描述居住建筑最小换气次数的要求，有时也会给出对应的人均换气量作为补充，一般来说最小换气次数应为 $0.3\sim0.5h^{-1}$。德国 DIN 1946-6：1998 标准是欧洲比较重要的通风标准，其对通风要求较为详细，把房间面积和通风模式（最小、较小、正常和较强）都考虑在内，最小的换气量为 $15\sim285m^3/h$，即 $0.2\sim0.9h^{-1}$。

我国对居住建筑室内每人最小新风量和室内换气次数都作了要求，如表 13-1 所示，每人最小新风量是以满足人们日常工作、休息时所需的新鲜空气量确定的，国家标准《室内空气质量标准》GB/T 18883-2002 和《健康住宅建设技术要点（2004 版）》均做出了室内每人最小新风量大于或等于 $30m^3/h$ 的要求，但这确定的最小新风量并没有考虑建筑污染部分，居住建筑的建筑污染部分的比重一般要高于人员污染部分，因此对于居住建筑来说，最小新风量的要求不能保证始终满足室内卫生要求。对于居住建筑将建筑污染和人员污染同时考虑作为建筑的污染构成，国家标准中以换气次数的形式给出了所需的最小新风量。《夏热冬冷地区居住建筑节能设计标准》JGJ 134-2010 和《健康住宅建设技术要点（2004 版）》也都给出了室内换气次数的最小值为 $1h^{-1}$，但是由于建筑面积及室内住宅人数的不同，当换气次数为 $1h^{-1}$ 时，如果人均居住面积为 $35m^2$，层高为 2.5m，那么人均新风量就需要 $87.5m^3/h$，这不太符合节能的要求。《民用建筑供暖通风与空气调节设计规范》GB 50736-2012 中对不同的人均居住面积做出了不同换气次数的要求，这个规定比 $1h^{-1}$ 的规定显得更加合理。而重庆地区《居住建筑节能 65％设计标准》DBJ 50-071-2010 指出在供暖空调期间关闭门窗时，应有保证 $1h^{-1}$ 的新风换气措施。本研究在后面的分析中，将依据国家标准《民用建筑供暖通风与空气调节设计规范》GB 50736-2012 和重庆地方标准《居住建筑节能 65％设计标准》DBJ50-071-2010 的规定。

国内通风标准 表 13-1

标准名称	编号	标准内容		备注
室内空气质量标准	GB/T 18883-2002	每人最小新风量 $30m^3/h$		中华人民共和国国家标准
夏热冬冷地区居住建筑节能设计标准	JGJ 134-2010 J 995-2010	换气次数 1.0 次/h		中华人民共和国行业标准
住宅健康性能评价体系	2013 版	南方地区换气次数	$1h^{-1}$	国家住宅与居住环境工程技术研究中心 深圳华森建筑与工程设计顾问有限公司
		北方地区换气次数	$0.5h^{-1}$	
民用建筑供暖通风与空气调节设计规范	GB 50736-2012	人均居住面积≤10m²，换气次数 $0.70h^{-1}$		中华人民共和国国家标准
		10m²＜人均居住面积≤20m²，换气次数 $0.60h^{-1}$		
		20m²＜人均居住面积≤50m²，换气次数 $0.50h^{-1}$		
		人均居住面积＞50m²，换气次数 $0.45h^{-1}$		
居住建筑节能 65％设计标准	DBJ 50-071-2010	在供暖空调期间关闭门窗时，应有保证 $1h^{-1}$ 的新风换气措施		重庆市城乡建设委员会

在此次调研的住宅中，人均居住面积为 $38.0\pm11.0m^2$，根据《民用建筑供暖通风与

空气调节设计规范》GB 50736-2012 中的要求，当 $20m^2 <$ 人均居住面积 $\leqslant 50m^2$ 时，换气次数为 $0.50h^{-1}$；当人均居住面积 $> 50m^2$ 时，换气次数为 $0.45h^{-1}$。52 户住宅中除了 7 户住宅的人均居住面积大于 $50m^2$，剩下 45 户住宅的人均居住面积在 $20\sim50m^2$ 之间，表 13-2 展示了每户住宅室内的通风情况。

住宅室内通风情况 　　　　　　　　表 13-2

住宅编号	卧室换气次数/(h^{-1})		客厅换气次数/(h^{-1})		住宅编号	卧室换气次数/(h^{-1})		客厅换气次数/(h^{-1})	
	白天	晚上	白天	晚上		白天	晚上	白天	晚上
1	1.43	0.85	1.23	0.81	27	0.72	**0.43**	0.88	0.55
2	0.69	**0.37**	1.06	**0.34**	28	0.62	0.55	**0.34**	**0.24**
3	1.25	0.74	1.52	0.70	29	0.99	0.58	0.71	0.63
4	0.68	**0.39**	0.89	**0.37**	30	1.09	**0.40**	0.67	**0.36**
5	0.62	0.51	0.77	0.54	31	0.61	**0.40**	0.71	**0.36**
6	0.65	0.58	0.67	0.51	32	0.84	0.62	0.82	0.55
7	0.81	**0.44**	0.71	**0.39**	33	**0.42**	**0.35**	**0.43**	**0.32**
8	1.39	0.63	0.75	0.52	34	0.75	**0.41**	0.75	**0.30**
9	0.64	**0.37**	0.60	**0.43**	35	**0.40**	**0.28**	0.54	**0.32**
10	1.03	0.88	1.06	0.62	36	0.83	**0.36**	0.63	**0.46**
11	1.29	0.59	1.23	**0.47**	37	0.80	**0.37**	0.76	0.50
12	0.66	**0.34**	0.68	**0.37**	38	0.84	0.62	0.90	0.51
13	0.46	**0.27**	0.58	**0.38**	39	0.91	0.80	0.75	0.51
14	0.90	**0.46**	0.94	**0.34**	40	0.81	0.50	0.78	**0.46**
15	0.75	0.52	0.84	0.56	41	0.59	**0.43**	0.72	**0.40**
16	0.59	**0.32**	0.54	**0.31**	42	0.90	0.68	0.86	**0.38**
17	0.59	**0.38**	0.52	**0.35**	43	0.58	**0.38**	**0.43**	**0.28**
18	0.96	0.53	0.87	0.51	44	0.67	**0.27**	0.90	**0.26**
19	0.84	0.52	0.88	**0.46**	45	0.76	**0.29**	0.70	**0.43**
20	0.57	**0.39**	0.62	**0.27**	46	0.69	**0.41**	0.99	0.50
21	1.05	0.60	1.06	0.62	47	1.02	**0.46**	0.90	**0.32**
22	0.56	**0.35**	**0.38**	**0.16**	48	0.65	0.52	0.82	0.57
23	0.86	0.56	0.82	0.66	49	1.08	**0.41**	0.60	**0.38**
24	0.87	**0.43**	0.68	0.47	50	0.85	0.53	0.67	0.56
25	0.99	0.60	0.71	0.54	51	0.78	0.61	0.69	0.62
26	0.74	0.53	0.76	0.56	52	1.00	**0.20**	**0.39**	**0.18**

由图 13-3 可知，卧室白天换气次数的最小值为 $0.40h^{-1}$，最大值为 $1.43h^{-1}$，25% 分位数、中位数及 75% 分位数分别为 $0.64h^{-1}$、$0.79h^{-1}$ 和 $0.95h^{-1}$。比客厅白天的值略大，客厅白天的最小值为 $0.34h^{-1}$，最大值为 $1.52h^{-1}$，25% 分位数、中位数及 75% 分位数分别为 $0.64h^{-1}$、$0.75h^{-1}$ 和 $0.88h^{-1}$。卧室白天和客厅白天的 25% 分位数都大于居住建筑换

气次数的临界值 $0.5h^{-1}$。卧室晚上换气次数的最小值为 $0.20h^{-1}$，最大值为 $0.88h^{-1}$，25％分位数、中位数及 75％分位数分别为 $0.37h^{-1}$、$0.45h^{-1}$ 和 $0.58h^{-1}$，中位数小于居住建筑换气次数的临界值 $0.5h^{-1}$。客厅晚上换气次数的最小值为 $0.16h^{-1}$，最大值为 $0.81h^{-1}$，25％分位数、中位数及 75％分位数分别为 $0.34h^{-1}$、$0.46h^{-1}$ 和 $0.55h^{-1}$。客厅晚上的通风没有卧室好，在调研过程中，大部分住户反映晚上睡觉时，客厅的窗户会关闭，而卧室会稍微开一点，可能大多数人知道即使室外温度较低，睡觉时卧室也需要通风，但是为了防止偷窃、下雨等在睡觉时把客厅窗户关上了。

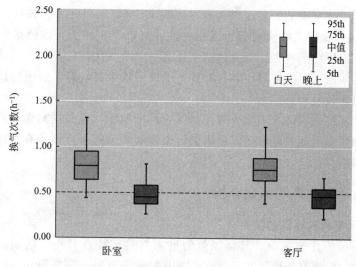

图 13-3 卧室和客厅换气次数分布图

从表 13-3 可见，卧室和客厅晚上的换气次数达不到《民用建筑供暖通风与空气调节设计规范》GB 50736-2012 要求的住宅超过被测建筑的 50％，分别占所有被测建筑的 53.8％和 55.8％，而卧室和客厅晚上的换气次数都未达到重庆地方标准《居住建筑节能 65％设计标准》DBJ 50-071-2010 的规定。52 户住宅卧室晚上的换气次数平均值为 $0.48h^{-1}$，大部分住宅的换气系数大于 $0.4h^{-1}$，还有 32.7％的住户晚上换气次数小于 $0.4h^{-1}$，整个睡觉时段人们都是在卧室度过，卧室晚上空气品质的好坏会对人体的健康产生直接的影响，由于睡觉时较低的换气次数使得人体通过呼吸、皮肤蒸发等方式排泄的废物不能有效地排出室外，而在卧室堆积，并且部分建筑污染也不能很好地排出室外，使卧室内污染物浓度升高，对人体健康不利。客厅晚上的换气次数平均值为 $0.45h^{-1}$，有 44.2％的住户晚上换气次数小于 $0.4h^{-1}$，客厅晚上的通风情况很不容乐观，虽然客厅晚上没人，但是第二天起床后进入客厅，由于晚上的通风较差，客厅会产生一些气味，对身体健康也会有影响。有 2 户住宅卧室白天的换气次数没有达到国家标准要求，但都大于 $0.4h^{-1}$，只有 10 户住宅卧室白天的换气次数达到重庆市地方标准，卧室白天的通风情况相对较好。有 5 户住宅客厅白天的换气次数没有达到国家标准的要求，6 户住宅客厅白天换气次数达到重庆市地方标准，一般客厅都被认为是整个住宅通风较好的地方，可能由于冬季温度较低且多为阴雨天气，住户会减少开窗面积，造成客厅白天通风较少，且有些家庭有小孩在家，而白天小孩一般在客厅活动，家长为了不让孩子受凉，会将客厅的窗户关小甚至全关，降低了客厅白天的通风效果。

不同房间不同时段换气次数的相关性 表 13-3

	卧室白天	卧室晚上	客厅白天	客厅晚上
卧室白天	1.000	0.609	0.504	0.483
卧室晚上		1.000	0.520	0.721
客厅白天			1.000	0.494
客厅晚上				1.000

对卧室白天、卧室晚上、客厅白天和客厅晚上进行 spearman 相关性分析可知（见表 13-3），这四个换气次数之间两两都呈强相关性，且都是正相关，也就是说住宅中卧室白天、卧室晚上、客厅白天和客厅晚上这四个任意一个换气次数较高，则其他三个的换气次数也较高。喜欢开窗通风的住户，客厅和卧室的通风效果都较好，而不会认为某个时段或某个房间的通风比较重要。

重庆地区住宅的通风情况不太乐观，与国家标准相比，很多住宅晚上的通风换气次数达不到要求，如果室内通风量较低，室内的污染物和多余的水汽不能有效地排出，会对人体的健康造成影响。

13.1.3 室内通风的影响因素分析

1. 室内通风与建筑特点的关系

利用自然通风的住宅建筑，其新风量的进入与建筑特点有一定的相关性，用 Mann-Whitney 检验来分析建筑年代、附近 200m 以内的道路情况、居住面积、房间楼层和卫生间换气扇使用频率与室内通风量之间的相关性，其统计分析结果如表 13-4 所示。结果显示，所测住宅的室内的换气次数与建筑年代、附近 200m 以内的道路情况和居住面积之间没有相关性，2006 年至今的住宅换气次数略高于 2000 年以前的住宅，住宅附近 200m 内有主干道/高速路的换气次数略低于另外两种，由于交通主干道/高速路上汽车较多、车速较快，会产生较多扬尘，TSP（总悬浮颗粒物）浓度高，因此住在主干道/高速路附近的住户会减少开窗的面积和频率。6 层以上的住宅换气次数具有最大值，房间楼层越高，通风效果越好。可能是因为门窗一旦开启，越高的楼层烟囱效应越明显，换气次数就越大。经常使用卫生间换气扇的，室内换气次数也越大，这与生活习惯有关，喜欢开窗通风的也喜欢使用卫生间换气扇对其进行换气通风，保持室内良好的空气品质。

换气次数与建筑特点的关系 表 13-4

		换气次数(h^{-1})			P 值 Mann-Whitney 检验	
		25%百分数	中位	75%百分数	1vs. 2,3	2vs. 3
建筑年代	2000 年前(1)	0.27	0.43	0.68		
	2001～2005 年(2)	0.37	0.44	0.54	0.891	
	2006 年至今(3)	0.40	0.55	0.60	0.340	0.230
附近 200m	主干道/高速路(1)	0.36	0.43	0.56		
	一般公路(2)	0.37	0.47	0.57	0.115	
	偏僻公路(3)	0.38	0.44	0.60	0.231	0.426

续表

		换气次数(h^{-1})			P 值 Mann-Whitney 检验	
		25％百分数	中位	75％百分数	1 vs. 2,3	2 vs. 3
居住面积	80m² 以下	0.40	0.44	0.56		
	80～109m²	0.28	0.52	0.60	0.876	
	110m² 及以上	0.37	0.43	0.60	0.606	0.773
房间楼层	3 层以下	0.37	0.41	0.51		
	3～9 层	0.39	0.43	0.58	0.247	
	10 层及以上	0.41	0.48	0.64	**0.049**	0.102
卫生间换气扇使用频率	经常	0.39	0.53	0.62		
	有时	0.36	0.48	0.61	0.108	
	从不	0.34	0.41	0.54	**0.048**	0.072

2. 室内通风与室内环境的关系

室内换气次数和室内环境之间的关系如表 13-5 所示，卧室晚上的通风量与室内气味感知（除了烟草气味和感觉空气干燥）和室内潮湿现象（除了漏水、渗水）有相关性，随着卧室晚上换气次数的增加，对气味和潮湿现象的抱怨减少。客厅晚上的换气次数与通风不良气味、感觉空气潮湿、湿点和窗户凝水有一定的相关性，客厅白天的换气次数与发霉气味、感觉空气潮湿、霉点和湿点有数学相关性。但是烟草气味、感觉空气干燥和漏水渗水与室内的换气次数没有相关性，这可能是由于一般家里有人吸烟，住户就会反映家里会有烟草气味。重庆全年平均湿度在 70％～80％，湿度较高，因此很少有人会觉得空气干燥。由此可见，卧室晚上通风效果的好坏与室内环境有更紧密的联系，冬天的晚上人们喜欢关门关窗睡觉，使得卧室晚上的空气较差，污染物聚集，产生一系列气味和潮湿现象。

换气次数与室内气味及潮湿的相关性　　　　　　表 13-5

	卧室白天换气次数/h^{-1}	卧室晚上换气次数/h^{-1}	客厅白天换气次数/h^{-1}	客厅晚上换气次数/h^{-1}
通风不良气味	0.174	**0.023**	0.200	**0.026**
刺鼻气味	0.192	**0.050**	0.385	0.446
发霉气味	**0.021**	**0.027**	**0.025**	0.223
烟草气味	0.174	0.421	0.331	0.541
感觉空气潮湿	0.061	**0.005**	**0.006**	**0.009**
感觉空气干燥	0.267	0.892	0.193	0.852
霉点	0.164	**0.036**	**0.047**	0.097
湿点	**0.038**	**0.007**	**0.013**	**0.031**
窗户凝水	0.167	**0.004**	0.326	**0.042**
漏水、渗水	0.490	0.563	0.634	0.512

3. 室内通风量与儿童哮喘及过敏性疾病的相关性

对儿童健康信息调查问卷分析时将没有回答儿童性别和年龄的问卷剔除，一共对 29 份问卷进行分析，其中男孩人数为 16 人，女孩人数为 13 人，分别占 55.2％和 44.8％。

儿童的基本健康信息如图 13-4 所示。

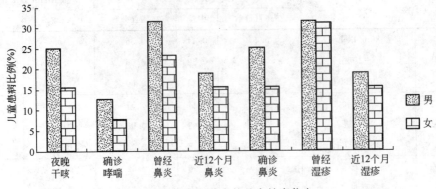

图 13-4　被调研儿童的基本健康信息

对 29 位儿童分析后可知，男孩的发病症状包括近 12 个月孩子夜晚干咳超过两周（简称夜晚干咳）、孩子被医生诊断出患有哮喘（简称确诊哮喘）、过去任何时候孩子在没有感冒或流感的情况下曾有打喷嚏鼻塞问题（简称曾经鼻炎）、近 12 个月孩子没有感冒或患流感情况下有打喷嚏鼻塞问题（近 12 个月鼻炎）、孩子被医生诊断出患有花粉症或过敏性鼻炎（确诊鼻炎）、孩子有 6 个月以上皮肤瘙痒即湿疹（简称曾经湿疹）和最近 12 个月孩子患过湿疹（简称近 12 个月湿疹）都高于女孩的发病率，男孩和女孩曾经患有湿疹的比例差不多。

从表 13-5 的分析可知，卧室晚上的换气次数对室内环境的影响与另外三个相比是最大的，并且人们晚上有 7～8h 在卧室睡觉度过，因此晚上住户睡觉时的通风量对人体健康具有更重要的影响。所以本节分析的通风换气次数对儿童哮喘及过敏性疾病的关系都是用的卧室晚上的换气次数。

表 13-6 中将换气次数按照国家标准分成了两类，一类是达到《民用建筑供暖通风与空气调节设计规范》GB 50736-2012 规定的室内换气次数的，还有一类是没有达到国家标准要求的。测试中，换气次数与确诊哮喘、近 12 个月鼻炎、确诊鼻炎和近 12 个月湿疹这些过敏性病症之间存在一定的相关性，室内较大的换气次数是儿童过敏性疾病的保护因素。换气次数没有达到国家标准要求的换气次数时，会提高在室儿童患上述过敏症状的比例。

换气次数与儿童哮喘和过敏性疾病的关系　　　　　　表 13-6

	夜晚干咳	确诊哮喘	曾经鼻炎	近 12 个月鼻炎	确诊鼻炎	曾经湿疹	近 12 个月湿疹
	P	P	P	P	P	P	P
换气次数(h^{-1})（达到国标 vs. 未到国标）	0.221	0.043	0.068	0.036	0.041	0.121	0.047

表 13-7 给出了室内换气次数与儿童哮喘及过敏性疾病之间的统计分析结果，从表 13-6 可知，换气次数与确诊哮喘、近 12 个月鼻炎、确诊鼻炎和近 12 个月湿疹这些过敏性疾病之间存在数学上的相关性，也可从表 13-7 看出，随着通风量的增加，这些过敏性疾病的

AOR 值逐渐小于 1，说明高通风量对儿童确诊哮喘、确诊鼻炎和近 12 个月湿疹是保护因素。表 13-6 中，对于夜晚干咳、曾经鼻炎和曾经湿疹，虽然换气次数低于国家标准规定值时并没有显著地影响其患病率，但是从表示两者之间的剂量—反应关系的表 13-7 可知，随着室内换气次数的降低，越来越多的在室儿童受到这些过敏性疾病的威胁。

换气次数与儿童哮喘及过敏性疾病的剂量-反应关系 表 13-7

通风量划分	换气次数（h⁻¹）	夜晚干咳 AOR[①]	确诊哮喘 AOR	曾经鼻炎 AOR	确诊鼻炎 AOR	曾经湿疹 AOR	近 12 个月湿疹 AOR
最小值～25%（参考）	0.20～0.37	1	1	1	1	1	1
25%～50%	0.38～0.44	0.702 0.426～1.057	0.831 0.578～1.093	0.862 0.539～1.248	0.932 0.638～1.301	0.684 0.357～1.120	0.783 0.328～1.386
50%～75%	0.46～0.58	0.764 0.462～1.124	0.736 0.435～1.014	1.206 0.487～1.236	0.764 0.512～1.100	0.702 0.335～1.115	0.574 0.262～1.216
75%～最大值	0.59～0.88	0.648 0.375～1.097	0.538 0.265～0.958	0.576 0.321～1.002	0.575 0.318～0.852	0.564 0.306～1.012	0.468 0.243～0.986

① AOR 表示调整后的比值比。

13.2 城市居住环境与儿童健康的风险因素关联性分析

近年来，儿童过敏疾病患病率逐年提高，儿童健康问题不容乐观。随着人们在室内停留时间的延长，且新建材、日用品、家居及设备的使用，使居住环境更加复杂，该情况下的居住环境对儿童健康的影响更大。面对如今儿童过敏疾病潜在危害因素探究，不仅仅应从医学的"卫生假说"、"食品假说"等角度出发，更应从"居住环境"角度出发。因此，本研究采用流行病学横断面调查方法，对寒冷地区两座城市——沿海城市大连、内陆城市北京的小学四、五年级学龄期儿童共 270 人，于 2012 年 11 月开展居住环境与儿童健康问题关联性问卷调查。随后两地区各选取 10 户进行实测，检测环境信息、物理性污染、化学性污染、生物性污染等共 10 项居住环境信息。

对获得的实测数据中的 7 项指标与选择划分的疾病组、对照组进行关联性检验分析。在此部分的统计检验中，分别进行了 Manny-Whitney U 检验法、两个独立样本 t 检验法以及两独立样本的秩和检验。同样，显著性水平 $\alpha = 0.05$。为方便表述，检验结果总结于表 13-8。

结合 Mann-Whitney U 检验与两个独立样本的秩和检验结果来看，实测住户卧室中 SVOC 含量在疾病组与对照组中有显著的统计学差异（$P = 0.041$）。另一方面，SVOC 浓度疾病组均值为 1932.2$\mu g/g$，小于对照组的 4223.6$\mu g/g$，且疾病组的秩均值为 6.63，小于对照组秩均值 11.80，则结合两种检验结果，判定本实测卧室环境中，SVOC 浓度对儿童过敏疾病有正面影响。用同样的判断方法，判定出实测客厅环境中，SVOC 浓度对儿童过敏疾病有正面影响；客厅环境中，浮游真菌对儿童过敏疾病有正面影响；客厅环境中，堆积真菌对儿童过敏疾病有正面影响；客厅环境中，附着真菌对儿童过敏疾病有负面影响。其余场所未发现有显著差异的实测项目。

实测结果检验表　　　　　　　　　　表 13-8

		M-WU			两独立样本秩和检验		t 检验			
		平均值	P 值	Z 值	秩均值	秩和	F	$P(F)$	t	$P(t)$
甲醛 卧室	疾病组	45.24	0.939	−0.077	10.63	85.00	5.633	0.029	0.569	0.577
	对照组	36.83			10.42	125.00				
甲醛 客厅	疾病组	43.70	0.787	−0.270	10.94	87.50	1.860	0.189	0.687	0.501
	对照组	32.67			10.21	122.50				
VOC 卧室	疾病组	181.5	0.589	−0.540	9.63	77.00	1.468	0.241	−0.834	0.451
	对照组	342.6			11.08	133.00				
VOC 客厅	疾病组	196.38	0.487	−0.695	11.63	93.00	0.010	0.920	0.095	0.925
	对照组	187.17			9.75	117.00				
SVOC 卧室	疾病组	**1932.2**	**0.041**	−0.204	**6.63**	53.00	0.389	0.542	−1.468	0.161
	对照组	**4223.6**			**11.80**	118.00				
SVOC 客厅	疾病组	**1214.4**	**0.011**	−2.546	**6.38**	51.00	0.156	0.698	−1.452	0.164
	对照组	**2369.8**			**13.25**	159.00				
浮游真菌 卧室	疾病组	218.88	0.069	−1.817	7.25	58.00	2.930	0.105	−1.545	0.141
	对照组	561.82			12.00	132.00				
浮游真菌 客厅	疾病组	**214.38**	**0.032**	−2.148	**6.75**	54.00	3.396	0.083	−1.920	0.072
	对照组	**549.09**			**12.36**	136.00				
堆积真菌 卧室	疾病组	299.29	0.821	−0.227	9.14	64.00	2.485	0.134	−0.976	0.343
	对照组	690.36			9.73	107.00				
堆积真菌 客厅	疾病组	**123.86**	0.011	−2.544	**5.29**	37.00	2.267	0.153	−1.469	0.163
	对照组	**708.80**			**11.60**	116.00				
附着真菌 卧室	疾病组	2.3725	0.512	−0.656	11.56	92.50	0.052	0.832	0.258	0.800
	对照组	2.0625			9.79	117.50				
附着真菌 客厅	疾病组	**2.6725**	**0.037**	−2.085	**13.88**	111.00	2.559	0.127	2.089	0.051
	对照组	**1.2125**			**8.25**	99.00				
PM2.5 卧室	疾病组	0.090	0.817	−0.232	10.13	81.00	1.875	0.188	−0.158	0.876
	对照组	0.097			10.75	129.00				
PM2.5 客厅	疾病组	0.090	0.728	−0.347	9.94	79.50	3.839	0.066	0.632	0.535
	对照组	0.131			10.88	130.50				

两个独立样本 t 检验中，分为两部分结果，为"方差齐性检验的结果"与"两组独立样本 t 检验结果"。首先观察方差齐性检验的结果，表 13-8 的 t 检验栏中，$P(F)$ 为方差齐性检验 F 值下的结果，若 $P(F) > 0.05$，则继续观察方差齐性假定满足的 t 检验结果 $P(t)$。两个独立样本 t 检验后，未发现有显著差异的实测项目。

　　本研究采用多种假设检验方法对居住环境对儿童过敏性疾病间关联性进行深入探究。问卷假设检验结果显示，居住在主干道周围、装修、更新换气设备、潮湿感、哺乳期牛奶喂养、平常大致浅睡等是某些过敏疾病的危险因素；实测检验结果显示，对疾病组患病正面影响的是 SVOC、浮游真菌、堆积真菌，负面影响的是附着真菌。

本章参考文献

［1］ Bornehag C, Sundell J, Hagerhed-Engman L, et al. 'Dampness' at home and its association with airway, nose, and skin symptoms among 10, 851 preschool children in Sweden: a cross-sectional study. Indoor Air, 2005, 15: 48-55.

［2］ Wang H, Li B, Yang Q, et al. Dampness in dwellings and its associations with asthma and allergies among children inChongqing: A cross-sectional study. Chinese Sci Bull, 2013, 58 (34).

［3］ Heinrich J. Influence of indoor factors in dwellings on the development of childhood asthma. International Journal of Hygiene and Environmental Health, 2011, 214: 1-25.

［4］ Tsai C H, Huang J H, Hwang B F, et al. Household environmental tobacco smoke and risks of asthma, wheeze and bronchitic symptoms among children in Taiwan. Respiratory Research, 2010, 11: 11-20.

［5］ Milián E, Díaz A. Allergy to house dust mites and asthma. P R Health Sci J, 2004, 23 (1): 47-57.

［6］ Sundell J, Wickman M, Pershagen G, et al. entilation in homes infested by house-dustmites. Allergy, 1995, 50 (2): 106-112.

［7］ Emenius C, Egmar A, Wickman M. Mechanical ventilation protects one-storey single-dwelling houses against increased air humidity, domestic mite allergens and indoor pollutants in a cold climatic region. Clin Exp Allergy, 1998, 28 (11): 1389-1396.

［8］ Bornehag C G, J S, T S. Dampness in buildings and health (DBH). Report from an on-going epidemiological investigation on the association between indoor environmental factors and health effects among children in Sweden. Indoor Air, 2004, 14: 59-66.

［9］ Jaakkola J J K, Tuomaala P, Seppdnen O. Air Recirculation and Sick Building Syndrome: A Blinded Crossover Trial. American Journal of Public Health, 1994, 84: 422-428.

［10］ Bornehag C G, Sundell J, Hagerhed-Engman L, et al. Association between ventilation rates in 390 Swedish homes and allergic symptoms in children. Indoor Air, 2005, 15: 275-280.

［11］ Wargocki P, Sundell J, Bischof W, et al. Ventilation and health in non-industrial indoor environments: report from a European multidisciplinary scientific consensus meeting (EUROVEN). Indoor Air, 2002, 12 (2): 113-128.

［12］ Levin H. Building materials and indoor air quality. US: Problem buildings: building associated illness and sick building syndrome. State of the art reviews in occupational medicine, 1989.

［13］ ASTM Standard D 6245-98/02. Using indoor carbon dioxide concentrations to evaluate indoor air quality and ventilation. ASTM International, 2002.

［14］ ASTM Standard E 741-00. Standard test method for determining Air Change in a single zone by means of a tracer gas dilution, ASTM International, 2000.

［15］ Ing. P Š. Experimental Evaluation of Ventilation in Dwellings by Tracer Gas CO_2. Prague: Czech Technical University, 2011.

［16］ 刘建国，刘洋. 室内空气中 CO_2 的评价作用与评价标准. 环境与健康杂志, 2005, 22 (4): 303-305

[17] 张伟．室内空气污染危害及防治对策．环境研究与监测，2013，26（2）：43-45

[18] GB/T18883-2002．室内空气质量标准．北京：中国标准出版社，2002.

[19] GB/T 17094-1997．室内空气中二氧化碳卫生标准．1997.

[20] ASHRAE Standard 62.2-2010. Ventilation for Acceptable Indoor Air Quality in Low-Rise Residential Buildings. Atlanta：American Society of Heating，Refrigerating and Air-Conditioning Engineers，2010.

[21] Concannon P. Residential Ventilation. AIVC Technical Note 57. Air Infiltration and Ventilation Centre. Sint-Stevens-Woluwe，Belgium，2002.

[22] DIN 1946-6：Raumlufttechnik. Teil 6-Luftung von Wohnungen. Anforderungen. Ausfuhrung. Abnahme. Berlin，Deutschland：Deutsches Institut für Normung. e. V，1998.

[23] 健康住宅建设技术要点 2004 版．北京：国家住宅与居住环境工程中心，2004.

[24] JGJ 134-2010．夏热冬冷地区居住建筑节能设计标准．北京：中国建筑工业出版社，2010.

[25] GB 50736-2012．民用建筑供暖通风与空气调节设计规范．北京：中国标准出版社，2012.

[26] DBJ 50-071-2010．居住建筑节能 65％设计标准．重庆：重庆市城乡建设委员会，2010.

第 14 章 卧室健康性能表征参数及评价方法研究

14.1 卧室的空间布局

除了睡眠之外，卧室还承担娱乐、储藏、更衣、工作等相关功能。卧室的空间布局首先考虑如何实现相关功能，进而保证人们在卧室内的舒适性和身体健康。长久以来，对住宅空间研究的着眼点更多地被放在套内整体空间设计以及套型的公共空间设计上，而住宅内的私密空间——卧室却往往被人认为使用功能性质比较单一，研究价值不明显而被大家所忽略。尤其是对卧室的空间布局与健康的关系方面进行的研究较为缺乏。但住户是居住行为的执行者，每一个人对卧室空间的功能需求也都是各不相同的。因此，需要在满足住户基本需求的前提下，找到对健康有利的空间布局方案是至关重要的。在卧室的空间布局有以下一些方面值得注意：

1. 整体布局

对于卧室来说，应有直接和充足的采光、自然通风，尽量南向朝向。应该确保每天有不少于 1h 的日照，使主卧室的卫生状况和环境质素得到基本的保障。

2. 功能分区

卧室一般由睡眠区域、储藏区域、交通区域及娱乐工作区域组成。和实现睡眠功能有关的布局主要是床的位置和大小。床的布置的要点有以下几个方面：

（1）床的布置尽量让床屏靠墙，从人体工程学的角度来讲，这样让人有依托感。

（2）床头部位不应该在窗户下，主要是使人缺乏心理安全感，另外防止杂音吵闹和睡眠时空气流通。

储藏功能的家具主要是指大衣柜。衣柜的位置一般选择两边靠近墙体，尽量利用房间的死角，由于其高度的关系，不能遮挡窗户，影响室内的采光和通风。

3. 其他因素

（1）卫生间的布置。现在很多户型中主卧都配有卫生间，有些卫生间的门正对着床，虽然在一定程度上使居住者晚上使用时较为方便，但是晚上主卫生间的灯光、气味会影响人的睡眠质量，长此以往，会对健康造成隐患。主卫生间最常遇到的也是最值得关注的问题就是卫生间用久难免有一些异味，扩散到主卧室里，影响呼吸和健康；其次，有些主卧的卫生间没有窗户，只有一个通风口，而卫生间离不开水，湿气难免进入卧室，导致床上用品吸收了潮气，进而影响睡眠的舒适性和人体健康。所以在设置卫生间时，应当充分考虑其与主卧室的空间组合方式，尽量减少卫生间的门直接面向卧室床的情况，尽量避免异味直接冲向卧室空间，影响主人的健康。

（2）住宅设计常常是以夫妇作为主要的设计对象，而往往忽视了儿童、老人的生理、心理需求。对于儿童行为、心理的进行深入研究，设计符合儿童成长需要的居住空间和环境，有可能带来设计实践上的突破和创新，这将是一个新的研究课题。不同的职业和不同的地域环境、地方传统生活习惯都会影响家庭的生活方式进而影响家庭的居住空间需求，今后加强这方面的研究将有助于丰富、提高家庭的住宅空间设计。

（3）改善卧室空间布局的新策略。工业化、标准化、新型结构体系的进一步完善，更利于住宅空间设计和组织上的灵活、适用；利于针对不同类型的家庭、邻里空间的进行的系列化套型设计；提倡生态住宅、健康住宅，选用利于节能和健康的材料、构造、结构，以保证良好室内建筑物理环境为目标，根据地域特点、室内外的空间关系，形成多样空间布局将是未来的趋势。

14.2 室内环境质量与调控方式

环境要素是指构成人类整体环境的各个独立的、性质不同的而又服从整体演化规律的基本物质单元。目前室内环境领域主要关注的是热环境、空气品质、光环境和声环境。对室内人员来说，室内空气品质和热环境尤为重要，因为这两个要素对室内人员的影响最为复杂，并且为使这两要素达到人们所需的状态需付出不菲的代价。

1. 室内热环境

室内热环境是指影响人体冷热感觉的各种因素所构成的环境，研究热环境的目的在于为人类的生活提供最佳热舒适条件。为建立热舒适环境，就必须研究是哪些因素影响了人的热感觉，以及用什么方法来调节控制这些因素。最初的研究只涉及少数简单的环境因素，例如温度和湿度。随着科技的发展，人们生活水平的提高，热环境的研究也深入到环境辐射温度、气流速度、人体所穿着的衣服、人的新陈代谢量以及气候、地理、民族习俗、性别年龄、体质、体型等更广泛的因素。

2. 室内空气品质

由于空调技术的发展，最近几十年中室内热环境得到了很大的改善。然而，由室内空气品质不良引起的健康问题却越来越严峻，室内空气质量极大地影响着人员的舒适、健康和生产效率。调查和研究表明，造成室内空气品质低劣的主要原因是室内空气污染。ASHRAE 标准中涉及的主要污染物包括石棉、氡、二手烟、可吸入颗粒物、军团菌、尘螨、微生物、甲醛、挥发性有机化合物、杀虫剂、二氧化氮、一氧化碳、二氧化碳及臭氧。这些污染物的来源可以分为三类：第一类来自室外污染源，包括二氧化硫、臭氧、花粉、铅镁等；第二类在室内外都存在污染源，例如一氧化碳、二氧化碳及孢子等属于这类污染物；第三类则主要来自室内污染源，包括甲醛、氡及微生物等。这些室内空气污染物长期作用于人体，对人体的健康和舒适产生重要的影响。根据世界卫生组织（WHO）对健康的定义，健康的室内空气应促使室内人员无论精神和身体方面均处于最佳健康状态，同时享有愉快的群体生活，而不单是没生病或不感到虚弱。

3. 室内光环境

人们通过听觉、视觉、嗅觉、味觉和触觉认识世界，在所获得的信息中有 80% 来自光引起的视觉。室内光环境是在室内空间中由光照射而形成的环境，它的功能是要满足物理、生理（视觉）、心理、人体功效学及美学等方面的要求。良好的光环境对人的心理感受和精神状态也会产生积极的影响。例如对于生产、工作和学习等场所，良好的光环境有振奋精神、提高工作效率和产品质量的作用；对于休息、娱乐等公共场所，适宜的光环境能创造优雅、舒适、活泼生动或庄重严肃的气氛。人眼只有在良好的光照条件下才能有效地进行视觉工作，适宜的光环境主要体现在照度能满足工作需要，并具有较好视觉效果的照明环境。

4. 室内声环境

室内声环境是指建筑室内外各种噪声源，在室内形成的对室内使用者在生理、心理上产生影响的声音环境。按照噪声的标准定义，凡是人们不愿意听到的各种声音都是噪声。噪声的危害是多方面的，除可以造成听觉疲劳和听力损失，引起多种疾病外，还会影响人们正常的工作和生活，降低劳动生产率。

14.3　健康风险与起居方式

室内环境对健康的影响主要分为两大类型：一种称之为建筑相关疾病（BRI，Building Related Illness），另一种称之为病态建筑综合症（SBS，Sick Building Syndrome）。

1. 建筑相关疾病

建筑相关疾病是由室内环境中的生物、物理或化学物质等室内污染物所导致的在临床上已定义的疾病。这类人群离开建筑后，需要长时间才能得以恢复。建筑相关疾病可分为三类：空气传播疾病、过敏性疾病和中毒。与建筑相关的传染性疾病是通过室内空气进行传播的，例如军团菌病、肺结核、麻疹、水痘、流行性感冒等。除军团病等由环境中的病源菌引起的呼吸道传染病外，这类疾病传播的风险随室内人员密度的增加而增大。过敏性疾病是免疫系统对过敏源的反常的、不适应的反应。这类疾病包括过敏性哮喘、过敏性鼻炎、超敏性肺炎等，它们与真菌或空气中其他的生物颗粒的接触有关。中毒反应是我们最熟悉的一种建筑相关疾病，在工业卫生领域已就此广泛开展研究工作。建筑相关疾病的病因在临床上已得到明确确认，因素包括过敏源、感染源、特异的空气污染物和特定的环境条件，其暴露量达到能引起健康反应的程度。只有明确地知道引起某一疾病的暴露源，并且对不同程度的暴露量引起的疾病风险也有深入的认识，才能制定可接受的浓度值，并确保不超过控制限值。

2. 病态建筑综合症

室内空气污染物种类复杂、浓度较低，但人在室内停留的时间较长，可与污染物反复多次接触，在这种污染危害的早期，人群的反应不会立刻出现明显的疾病状态或明显的临床症状，而是以轻度的机体不良反应表现出来。某些建筑内由于空气污染、换气率低，以致在建筑内活动的人群产生一系列症状，而离开建筑物后，症状即可消退。

病态建筑综合症是一个全球性的问题，在发达国家中，不良建筑物约占办公建筑的30％，并随国家和地区有所不同。尽管 SBS 是一种非致死和非致残性病态综合症，脱离"病态建筑"之后，有关症状亦可以消失，不会直接危害生命或对机体产生永久性伤害，但是它可以长期困扰在"病态建筑"中工作和生活的人，降低他们的工作效率以及健康和舒适水平，使公司蒙受巨大的经济损失。另一方面，也不能排除那些导致 SBS 的危害因素的其他危害，例如甲醛和醛类化合物诱发的过敏性皮炎、哮喘等。在我国现代化建筑的兴建越来越多的形势下，为保证室内活动和生活者的健康水平，对 SBS 和引起 SBS 危险因素的研究具有重要的现实意义。虽然目前对引起病态建筑综合症的原因并不清楚，但是室内空气品质被认为是其重要原因，对于"病态建筑综合症"只能从整个建筑物的大环境角度出发采取一些必要的措施。

人们的不良生活习惯和起居方式都会引发或加重室内环境对健康的负面影响，主要存在以下几个方面：

1. 不良的作息时间

现代生活中，睡眠不足和晚睡的情况时有发生。晚睡的人一夜分泌的各种激素比早睡的人多 50％。过多分泌肾上腺素、去甲肾上腺素会破坏新陈代谢过程，使代谢产物在血液里积聚、沉积在血管壁上，其结果是使患动脉粥样硬化、高血压、缺血性心脏病的危险大大增加。研究表明，睡眠不足可引发多种全身疾病和心理疾病，在美国已登记注册的睡眠性疾病就有 60 多种。一个人如果睡眠不足就会出现神情倦怠，躯体乏困，精神萎靡，嗜睡，注意力不集中，反应迟钝，情绪不稳定，脾气暴躁，烦躁焦虑，食欲不振和学习效率下降等现象。长期睡眠不足会引起双手发抖，动作笨拙，眼球震颤，语无伦次及幻觉、错觉等精神症状，并伴有头部胀痛，耳鸣、复视及全身不适的感觉。血液生化检查可发现，血浆总脂和胆固醇升高，高密度脂蛋白和血氧饱和度下降。青少年因睡眠不足导致生长激素的生产和释放受阻，引起生长发育迟缓及早衰现象。睡眠不足时机体交感神经功能亢进，分解代谢增高而影响体能和精力的恢复，从而导致学习和工作效率下降，尤其与记忆力、计算和逻辑思维能力有关的神智活动更受影响。另一方面，会削弱身体的免疫功能，引起各种躯体和精神疾病。

2. 空调设定温度值的不合理

在现实生活中，人们经常根据自己的喜好设定空调的温度，而忽略了可能造成的健康影响。而由于温度设定值的不合理导致的健康问题屡见不鲜。如夏季温度设定过低容易引发感冒。

3. 室内打扫与通风

房间打扫等人为活动也会对颗粒物浓度有贡献。可采用定期开窗、机械通风、增加空气净化器的方法保证空气质量。

4. 室内停留时间过长

现在每天人在室内停留时间变长，体育锻炼次数和活动量降低，导致体质变差，室内空气污染程度往往比室外严重，因为它既含有室外的污染空气，又含有室内由于建筑与装饰材料和烹饪、取暖、吸烟等人们活动所产生的污染物。

14.4 卧室环境质量评价

14.4.1 人体睡眠质量及影响因子

1. 热湿环境

采用 PMV 值来反映室内的热湿环境，PMV 的影响因素包涵环境参数和人体参数两部分，环境参数有空气温度、辐射温度、相对湿度及室内风速四项，人体参数包含服装热阻和新陈代谢率两项。

$$PMV = [0.303\exp(-0.036M) + 0.028]\{M - W - 3.96 \times 10^{-8} f_{cl}(t_{cl} + 273)^4 -$$
$$(\bar{t}_r + 273)^4 - f_{cl}h_c(t_{cl} - t_a) - 3.05[5.73 - 0.007(M - W) - 0.001P_a] -$$
$$0.42[M - W - 58.15] - 0.0173M(5.87 - 0.001P_a) - 0.0014M(34 - t_a)\}$$

$$(14\text{-}1)$$

式中　t_a——空气温度，℃；

　　　$\bar{t}_r$——平均辐射温度，℃；

　　　M——人体新陈代谢率，W/m^2；一般人体的基础代谢率为 $58W/m^2$ 对应的代谢水平为 1met；

　　　W——人体做功率，W/m^2；

　　　f_{cl}——穿衣人体与裸体表面积之比；

　　　t_{cl}——穿衣人体外表面平均温度，℃；

　　　h_c——对换热系数，$W/(m^2 \cdot K)$；

　　　P_a——环境空气中水蒸气分压力，Pa。

其中：

$$P_a = RH \times 610.6 e^{273.73 + t_a} \tag{14-2}$$

式中　RH——室内相对湿度值，%。

使用式（14-3）来计算 f_{cl} 值：

$$f_{cl} = \begin{cases} 1.0 + 0.2I_{cl} & I_{cl} < 0.5clo \\ 1.05 + 0.1I_{cl} & I_{cl} \geqslant 0.5clo \end{cases} \tag{14-3}$$

式中　I_{cl}——服装热阻值，clo。

对流换热系数可由式（14-4）求得：

$$h_c = \begin{cases} 2.7 + 8.7v^{0.67} & 0.15 < v < 1.5m/s \\ 5.1 & v \leqslant 0.15m/s \end{cases} \tag{14-4}$$

式中　v——室内风速，m/s。

t_{cl} 值可以由式（14-4）迭代得到：

$$t_{cl} = 35.7 - 0.028(M - W) - R_{cl}\{3.96 \times 10^{-8} f_{cl}[(t_{cl} + 273)^4 -$$
$$(\bar{t}_r + 273)^4] + f_{cl}h_c(t_{cl} - t_a)\} \tag{14-5}$$

式中　R_{cl}——服装的热阻值，$m^2 \cdot ℃/W$。

则由式（14-5）可知，PMV 可以根据上述六项影响因素的函数来表示：

$$PMV = f(t_a, \bar{t}_r, v, RNH, M, I_{cl}) \tag{14-6}$$

PMV 值的变化范围为 $[-3, 3]$。

2. 光照强度（LI）

根据照度标准（CNS 12112-1987，表 14-1）可得到睡眠环境的上下限照度值分别为 15lx 和 100lx。

3. 噪声水平（NL）

根据：《民用建筑隔声设计规范》GB 50118-2010 规定：当人员附近的噪声声级小于

30dB 时，认为是优良的睡眠声环境；当噪声声级大于 30dB 且小于 50dB 时，认为是良好的睡眠声环境；当噪声声级大于或等于 50dB 时，认为是较差的睡眠声环境。

常用照度标准（夜间） 表 14-1

用房名称			推荐照度		
病房、监护病房			15～30		
			照度标准值(lx)		
	类别	参考平面及其高度	低	中	高
客房	一般活动区	0.75m 水平面	20	30	50
	床头	0.75m 水平面	50	75	100
	写字台	0.75m 水平面	100	150	200
	卫生间	0.75m 水平面	50	75	100
	会客室	0.75m 水平面	30	50	75

4. 空气品质（AQ）

室内空气品质采用二氧化碳浓度（ppm）作为衡量睡眠环境的空气品质的标准，由室内空气中 CO_2 卫生标准（GB/T 17094-1997）结合笔者的研究可以得到：

当人员附近的 CO_2 浓度小于或等于 1000ppm 时，认为空气品质优良。

当人员附近的 CO_2 浓度大于 1000ppm 且小于或等于 3000ppm 时，认为空气品质良好。

当人员附近的 CO_2 浓度大于 3000ppm 且小于或等于 5000ppm 时，认为是空气品质一般。

当人员附近的 CO_2 浓度大于 5000ppm 时，认为空气品质较差。

14.4.2 综合表征参数及评价方法

在对上述影响因素研究的基础上，提出睡眠环境综合评价指标（Sleeping Environment Index，SEI），是综合考虑多种室内环境因素对睡眠质量影响程度的指标。通过输入这些参数进行计算，得到睡眠环境的综合评分值，分值的高低可用于判断该环境适合睡眠的程度。上述 4 项影响参数（PMV，NL，LI，AQ）存在一定的阈值，意味着不论其他参数的取值高低，当这些参数的值超过该阈值时，该睡眠环境总体上是不能被接受的。根据上述关系，得到如下的拟合公式：

$$SEI = f(PMV，LI，NL，AQ) \tag{14-7}$$

依据 SEI 的大小，将睡眠环境分为四级，不同的睡眠环境评级极其描述为：

一级：$0.6 < SEI \leqslant 1$，优异的睡眠环境，绝大多数睡眠者感到舒适的环境，环境对睡眠质量有一定的积极作用；

二级：$0.2 < SEI \leqslant 0.6$，良好的睡眠环境，多数睡眠者认为当前环境无影响睡眠的因素，普遍表示可以接受；

三级：$0 < SEI \leqslant 0.2$，一般的睡眠环境，部分睡眠者认为环境存在有不舒适的因素，但基本能接受。

四级：$SEI = 0$，不可接受的睡眠环境，存在一种或多种严重影响睡眠的因素，普通睡眠者感觉难以入睡。

通过对各典型城市的睡眠质量评估，不可接受的睡眠环境占 40%，如图 14-1 所示，一般的睡眠环境占 40%。通过分析表 14-2～表 14-6 可知，采暖季居住环境的偏热、干燥，并且光环境、声环境较差，直接影响人们的睡眠质量。

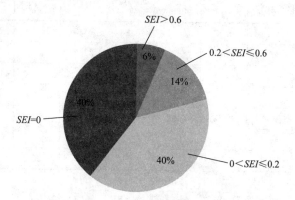

图 14-1 各典型城市各睡眠质量评估结果所占比例

长春市住宅睡眠质量实测评价表　　表 14-2

调查住户	照度(lx)	$F(LI)$	噪声(dB)	$F(NL)$	CO_2浓度(ppm)	$F(AQ)$	温度(℃)	湿度(%)	PMV	$f(PMV)$	SEI
CC1	43.7	0.32	68.2	0	746	1	22.7	37	2.1	0.37	0
CC2	59.8	0	61.8	0	1337	0.9	22.6	42	2.05	0.38	0
CC3	11.3	1	67.3	0	—	1	23.5	65	2.5	0.25	0
CC4	41.3	0.44	90.3	0	2154	0.65	23.5	59	2.47	0.26	0
CC5	52.9	0	83.7	0	856	1	20.1	32	1.11	0.67	0
CC6	21.1	1	66	0	—	1	20.7	34	1.33	0.6	0
CC7	24.1	1	67.5	0	2496	0.55	21.8	59	1.83	0.45	0
CC8	27.3	1	70.2	0	1456	0.86	20.8	48	1.42	0.57	0
CC9	25.2	1	80.7	0	1066	0.98	19	45	0.77	0.77	0
CC10	23.6	1	53.8	0	3104	0.38	22.4	66	2.09	0.37	0

哈尔滨市住宅睡眠质量实测评价表　　表 14-3

调查住户	照度(lx)	$F(LI)$	噪声(dB)	$F(NL)$	CO_2浓度(ppm)	$F(AQ)$	温度(℃)	湿度(%)	PMV	$f(PMV)$	SEI
HRB1	80.1	0.22	36.2	0.69	1506	1	24.5	45	2.7	0.19	0.03
HRB2	45.6	0.63	47.4	0.13	936	1	23.4	34	2.21	0.34	0.03
HRB3	158	0	43.7	0.32	3525	0.3	17.9	71	0.432	0.87	0
HRB4	14.3	1	53.1	0	2516	0.55	23.8	40	2.39	0.28	0
HRB5	43.6	0.66	65.1	0	1764	1	24.1	40	2.51	0.25	0
HRB6	50.8	0.57	48.9	0.05	1308	0.91	23.3	29	2.14	0.36	0.01
HRB7	48.4	0.6	50.2	0	1605	0.82	24.2	37	2.53	0.24	0
HRB8	50	0.58	53.4	0	754	1	24.2	18	2.4	0.28	0
HRB9	5	1	48	0.1	830	1	25.6	13	2.88	0.13	0.01
HRB10	18.6	0.96	44.6	0.27	1439	0.87	20	36	1	0.7	0.16

沈阳市住宅睡眠质量实测评价表 表 14-4

调查住户	照度 (lx)	F(LI)	噪声 (dB)	F(NL)	CO₂浓度 (ppm)	F(AQ)	温度 (℃)	湿度 (%)	PMV	f(PMV)	SEI
SY1	57.8	0.49	41.4	0.43	1555	0.83	23.3	34	2.29	0.31	0.05
SY2	78.8	0.23	47.5	0.13	961	1.01	23.3	20	2.25	0.33	0.01
SY3	55.9	0.51	33.3	0.84	634	1.11	24.2	19	2.543	0.24	0.11
SY4	63.1	0.42	52.3	0	1675	0.8	21	43	1.49	0.55	0
SY5	32.8	0.79	45.6	0.22	1424	0.87	20.3	52	1.28	0.61	0.09
SY6	102	0	41.5	0.43	—	1	17.4	26	0.17	0.95	0
SY7	86.2	0.15	37.1	0.65	—	1	25	33	2.91	0.13	0.01
SY8	107	0	42	0.4	543	1.14	20.6	37	1.31	0.61	0
SY9	53.3	0.54	33.2	0.84	2502	0.55	22.2	60	1.98	0.41	0.1
SY10	58	0.48	34.9	0.76	384	1.18	19.8	29	0.99	0.7	0.3

锦州市住宅睡眠质量实测评价表 表 14-5

调查住户	照度 (lx)	F(LI)	噪声 (dB)	F(NL)	CO₂浓度 (ppm)	F(AQ)	温度 (℃)	湿度 (%)	PMV	f(PMV)	SEI
JZ1	—	1	49.7	0.01	1178	0.95	22.53	33.28	1.99	0.4	0.01
JZ2	—	1	44.2	0.29	761	1	23.77	33.15	2.45	0.27	0.08
JZ3	—	1	47.6	0.12	992	1	20.26	37.92	1.186	0.64	0.08
JZ4	—	1	43.8	0.31	1738	0.78	19	50.79	0.79	0.76	0.18
JZ5	—	1	39.6	0.52	1239	0.93	20.34	46.6	1.25	0.63	0.3
JZ6	—	1	40	0.5	644	1	24.2	10.06	2.49	0.25	0.13
JZ7	—	1	37.1	0.65	988	1	20.67	39.76	1.34	0.6	0.39
JZ8	—	1	41.5	0.43	1073	0.98	22.13	29.13	1.82	0.45	0.19
JZ9	—	1	50.4	0	957	1	21.51	21.86	1.57	0.53	0

齐齐哈尔市住宅睡眠质量实测评价表 表 14-6

调查住户	照度 (lx)	F(LI)	F(NL)	CO₂浓度 (ppm)	F(AQ)	温度 (℃)	湿度 (%)	PMV	f(PMV)	SEI
QQ1	—	1	1	1829	0.75	23.39	47.8	2.66	0.2	0.15
QQ2	—	1	1	2024	0.69	21.97	44	1.83	0.45	0.31
QQ3	—	1	1	1026	0.99	21.65	17	1.61	0.52	0.51
QQ4	—	1	1	652	1	21.96	23.37	1.73	0.48	0.48
QQ5	—	1	1	923	1	17.7	54.33	0.35	0.89	0.89
QQ6	—	1	1	949	1	19.9	30.34	1.03	0.69	0.69
QQ7	—	1	1	872	1	21.72	40.7	1.73	0.48	0.48
QQ8	—	1	1	1323	0.9	24.06	39.14	2.61	0.22	0.2
QQ9	—	1	1	350	1	19.46	10.79	0.81	0.76	0.76

本章参考文献

［1］　朱昌廉 . 住宅建筑设计原理 . 北京：中国建筑工业出版社，1999.

［2］　刘柯 . 城市住宅卧室空间居住实态调查研究 . 西安：西安建筑科技大学，2011.

［3］　朱赤晖 . 室内环境的舒适性评价与灰色理论分析研究 . 长沙：湖南大学，2012.

［4］　张征 . 环境评价学 . 北京：高等教育出版社，2004.

［5］　黄建华，张惠 . 人与热环境 . 北京：科学出版社，2011，2-10.

［6］　沈晋明 . 室内空气品质与健康 . 制冷技术，2007，27（1）：10-13.

［7］　ASHRAE. 2005 ASHRAE Handbook Fundamentals. Atlanta：ASHRAE，2006.

［8］　柳孝图，林其标，沈天行 . 人与物理环境 . 北京：中国建筑工业出版社，1996，156-170.

［9］　吴静 . 高层建筑室内外声环境评价与分析 . 重庆：重庆大学，2007，11-19.

［10］　浅见泰司 . 居住环境评价方法与理论 . 北京：清华大学出版社，2006，251-260.

［11］　李有观 . 早起符合生理、晚睡影响健康 . 国外医学情报，1995，9：18.

［12］　梁朝晖，杨仕云，李静 . 青少年睡眠不足与睡眠健康问题探析 . 国际医药卫生导报，2006，12（1）：91-94.

［13］　何兴舟，周晓铁 . 室内空气污染的健康效应 . 环境与健康杂志，1991，1：17-20.

第15章 物联网健康室内环境数据采集及评价系统可视化平台

15.1 物联网室内环境数据采集与传输技术研发

传统仪器设备需要人工采集数据，其仪器设备多属于实验设备，测量时易对住户的生活造成干扰，不便于住宅内使用。为了能够更加方便、长久地对室内健康环境进行检测，利用 ZigBee 通信协议来实现对室内健康环境参数有效监测。

ZigBee 技术是一种短距离、低速率、低成本和低功耗的双向无线网络通信技术。利用 ZigBee 技术，能很好地解决传统仪器测试所带来的问题，在确保其数据采集精确的基础上，大大减少了对住户的影响。由于其低能耗、低成本，能更加长久持续的工作，并且不断将采集的数据发送至云数据库进行储存，扩大了数据库，使得研究范围更广，更具有普遍性。现阶段对温度、相对湿度、CO_2 浓度、甲醛浓度、光照强度、噪声、PM2.5 浓度 7 个参数进行监测，利用无线传感网络（WSNs）及 ZigBee 协议，构建了 1 套室内健康环境监测系统，使研究人员与住户能够及时地获取到室内环境信息，为室内环境进行评价与改善奠定了基础。

采用 ZigBee 协议构建无线传输网络系统，系统基本组成单元为节点。ZigBee 网络具有 3 种逻辑设备，分别为协调器、路由和终端设备，并且形成了不同拓扑结构。其中，星形拓扑结构便于集中控制，因为端用户之间的通信必须经过中心站。这一特点使系统具有易于维护、安全等优点。端用户设备因为故障而停机时也不会影响其他端用户间的通信。同时星形拓扑结构的网络延迟时间较小，系统的可靠性较高。在星形网络拓扑中，网络由一个 ZigBee 主协调器控制，该设备负责初始化和维护网络中其他设备，所有节点都只能与协调器进行网络通信，节点间的数据路由只有一个路径，没有其他路径可选，且结构简单。由于该系统用于住户进行各个功能房间数据采集，要求简洁方便，易于维修，且不宜较复杂，所以选用了星形拓扑结构，因为其网络延迟时间较小，可以更加及时准确地获取数据。

15.2 物联网评价系统平台研究开发

物联网系统平台建设可以有效地采集到室内环境的动态信息和数据，形成的数据中心可以为研究提供数据支持。软件平台是物联网的基础设施，可以提供有效支撑，并有效解决物联网建设的信息孤岛问题。

该系统平台结合了室内环境健康监测系统，通过物联网系统的构筑，同时实现居住建筑室内各功能房间的环境评价参数实时监测、数据实时采集、数据集总运算处理、室内环境健康等级评价以及室内环境改善策略和专家建议，物联系统框架如图15-1所示。

图15-1 居住建筑室内健康环境实时监测及评价物联网系统框架图

15.2.1 软件系统平台

该系统对居住建筑室内空间进行了功能划分，主要划分为：起居室、卧室、厨房及卫生间四个类型测试空间，并对空气温度、相对湿度、照度、噪声、PM2.5浓度、CO_2浓度、甲醛浓度，共计7种与健康相关的环境参数进行采集监测。各个功能房间都有各自的采集模块，通过无线网络上传数据至服务器，登录后即可点击查看即时参数测试数据，并且也能看到某个时间段的数值波动情况，能够直观清晰地反映出各个功能房间的所处环境状况与传感器布点位置。根据对室内健康环境参数的数据采集进行对比分析，得到整个住宅环境综合等级和各个功能房间健康等级，并且会自动记录逐时、逐日、逐月、逐年的等级评价结果，整体储存合成历史记录。该系统能够将全国所有地区监测的住户形成统计，并将测试住户按照气候分区和功能房间进行划分统计，界面设计如图15-2，监测数据将形成大数据分析结果，可以提供给相关决策部门和科研机构使用。

针对每个单独监测的住户，系统设置有两项功能，分别为"实时数据监测"和"健康等级评价"，系统同时会记录每个住户的基本信息和设备信息，以便在后台调用相关数据，界面设计如图15-3和图15-4所示。

根据提出的室内健康环境评价模式，数据监测分为四个功能房间进行，如图15-5所示，数据实时监测部分可以查看室内环境参数全日波动情况，同时也可以查询各时刻的具体数值。为方便比较室内各功能房间的差异性，系统还设有比对界面，如图15-6所示（所显示参数并非全为参与评价的参数）。

根据相关标准确立室内健康环境等级评价，评价的层级关系依次为参数评价、日评

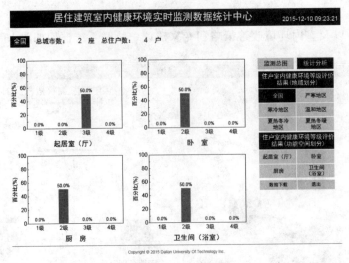

图 15-2　大数据统计分析中心界面

图 15-3　个人住户功能选择界面

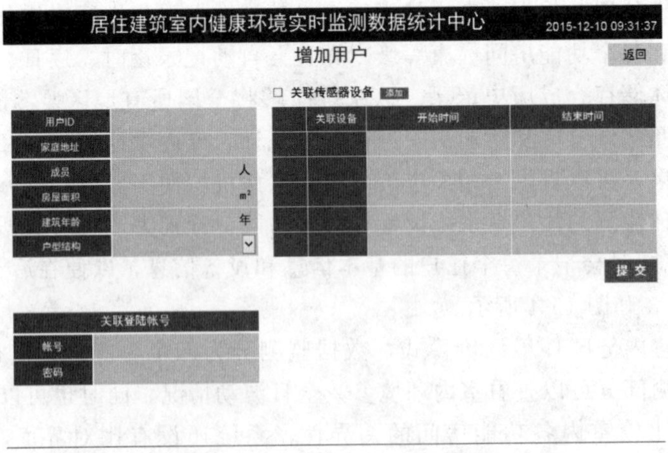

图 15-4　添加住户个人信息界面

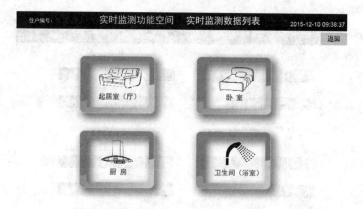

图 15-5 监测的功能空间界面

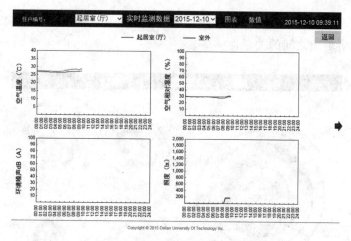

图 15-6 实时监测数据对比界面

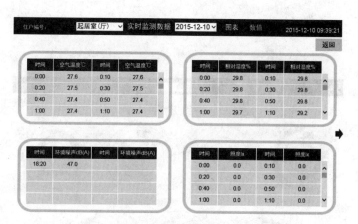

图 15-7 住户实时监测界面（起居室）

价、周评价、月评价、季评价和年评价，由于参数评价需要对全日的数据进行分析，因而系统不能对监测当天的数据进行评价，评价图以雷达图形式表现，四个等级用四类颜色表示，住户同时可以查询以往的监测数据和评价数据，界面设计如图 15-9 和图 15-10 所示。

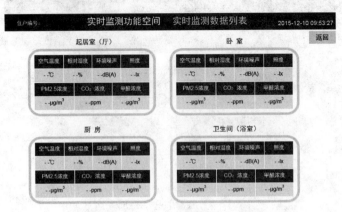

图 15-8　室内各功能房间参数对比界面

针对不同的等级，系统还设置有健康等级说明界面，如图 15-11，住户可以更直观地了解风险等级与居住者健康之间的关联性。

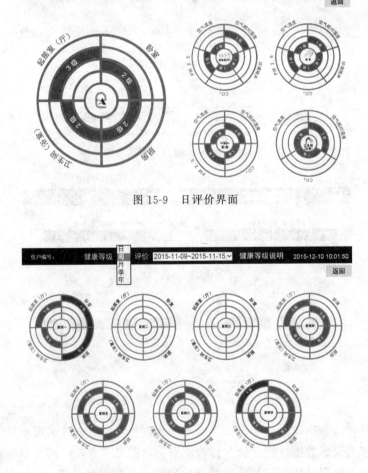

图 15-9　日评价界面

图 15-10　周评价界面

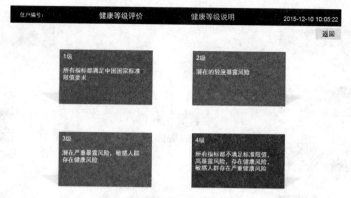

图 15-11 健康等级说明界面

15.2.2 系统硬件设计

1. 传感器的选取

对于设计系统而言，首先需要确定最基本的节点——传感器节点的选取。为了能够更加准确地评估室内健康环境，本研究选取了大量的测试参数，包括温度、相对湿度、CO_2浓度、甲醛浓度、光照强度、噪声、PM2.5浓度。为了保证系统能够长时间运行，不影响住户日常生活，尽可能地选取低能耗、低噪音、小体积的设备。最终经过筛选，得到了以下几种传感器，型号列于表 15-1。

传感器型号   表 15-1

型号	源电压(V)	运行范围
温湿度传感器 SHT10	2.4~5.5	0~100%RH；−40~123℃
红外二氧化碳传感器 S-100H	12	0~2000/3000/5000/10000/30000ppm
粉尘检测传感器 CP15-A3	5	0~6000ug/m³
光照传感器 BH1750FVI	4.5	1~65535lx
甲醛传感器 ZE07	3.7~9	0~5ppm
噪声传感器 LX-JHM-9600A	7.5~12	30~110dB

2. 数据传输技术概要

系统简图如图 15-12 所示。数据采集过程：由各个传感器将各自采集的数据通过 ZigBee 通信协议传输至路由器，由路由器将数据发送至互联网，通过互联网与用户终端和云服务器进行传输。环境数据有：温度、湿度、PM2.5、CO_2浓度、甲醛浓度、光照度、环境噪声等。

用户终端可由 PC 客户端/笔记本通过 LAN、Wifi 接入 Internet，访问云服务器（web方式），实现对环境数据的实时监控；也可以通过移动终端（iPhone 手机、Android 手机、PAD）通过 Wi-Fi、3G/4G 网络接入 Internet，进而随时、随地访问云服务器，浏览环境数据。

ZigBee 无线传输模块，其传感器接口丰富，支持 I²C、UART、SPI、模拟量输入、脉冲输入等多种传感器接口；考虑到功能房间的阻隔，还配有中继站，使模块具有网络中

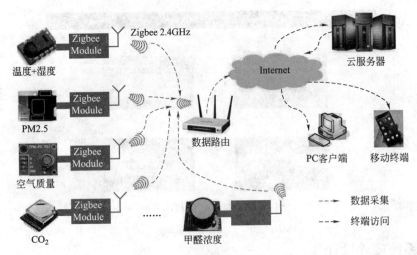

图 15-12　系统硬件信号传输图

继功能，增强了网络覆盖能力；能够自动选择网络传输路径，有效提高了网络鲁棒性；支持+12V、+5V、+3.3V 多种电压输出，可为传感器提供电源。

数据路由器通过 ZigBee 网络自动循环采集各传感器数据，各节点对应的采集周期可灵活配置；实现 ZigBee 网络与 Ethernet 转换，支持多种网络异步访问，有效提高网络传输效率；实现传感器数据分析、缓存和上传。

现已完成该系统硬件模块的开发，硬件模块主要分为子节点和主节点两部分，实物图如图 15-13 所示，子节点负责完成各功能房间的数据采集，通过 ZigBee 传给室内的主节点，主节点再将数据实时传输给系统服务器。

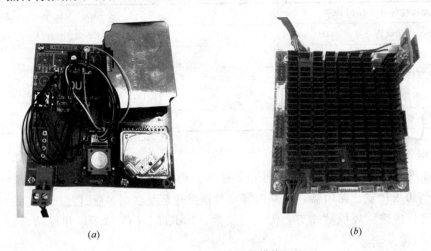

(a)　　　　　　　　　　　　　(b)

图 15-13　系统硬件模块

(a) 功能房间数据采集子节点；(b) 住户数据采集传输主节点

本章参考文献

[1] 韩旭东，张春业，李鹏. 传感器无线互联标准及实现. 电子技术应用. 2004 (4)：44-46.

[2] 李黎. ZigBee 技术研究. 技术研发，2009，5 (16)：52-53.

结论与展望

自 2012 年以来，笔者团队围绕如何明确适合中国国情的居住室内环境关联健康影响的综合表征参数及评价方法开展研究，因多学科交叉、影响因素复杂等，使笔者团队面临巨大挑战，同时也给全体研究人员带来了难得的机遇。两年多来，笔者团队在全国 10 个省份、2 个直辖市开展了两次以公众健康状况、居住环境的健康风险等为主要内容的问卷调查，共计发放问卷 15000 余份。2013～2015 年，选取了东北、华东、西南、西北 13 个城市或地区 232 户家庭开展了入户实测调查，调查内容包括热湿环境、空气环境、声环境和光环境等 10 余个测试项目。通过问卷调查、入户实测调查，获得了大量第一手数据，较深入地了解了北方供暖期、南方夏季炎热季节不同功能房间室内环境状况及公众健康状况。基于大样本问卷调查和入户实测调查数据，采用文献综述和数理统计分析方法，研究探索了室内环境关联主/客观健康影响评价模型。通过大样本问卷调查、入户实测调查以及评价模型构建，得出以下主要结论：

（1）西部地区的问卷调查发现，78.5％的住宅周围无明显污染源，且 89.9％住宅小区有绿化或者水体。经分析，对居住环境感受较多的问题是油烟味、燃烧味和发霉味，但并不严重。其中，憋闷、烟味、异味和潮湿这四方面所占比例较均衡，说明这四方面对居住人员的感官影响都较明显。

（2）对上海地区卧室居住环境和居民健康的关联性分析结果表明，54％的被调查者反映在梅雨季节，环境潮湿在不同程度上影响了睡眠，冬季客厅和儿童卧室的窗框结露问题比较普遍；近 50％的被调查住宅存在夜间光污染、长期噪声干扰、室内灰尘过多、室内油烟过多、室内明显异味等环境问题。90％的被调查者对卧室空气品质尤为关注，希望进行检测。

（3）公众健康状况大样本调查发现，在青壮年人群中（调查人员的平均年龄 30～51 岁）患病的综合排名除了牙病外，呼吸道疾病和消化道疾病名列前茅。目前大量流行病学调查表明，呼吸道和消化道都易受外界环境及气候因素的影响。在通过室内环境因素的大样本分析后，可以发现室内环境对人体健康具有重要的影响，主要表现为冬季北方集中供暖区室内的干燥环境、南方寒冷环境对呼吸道的影响以及湿环境对消化道的影响。

（4）通过对东北地区供暖期入户实测调查发现，94.1％的住户各功能房间温度均满足冬季供暖室内设计温度（18℃），不达标的功能房间中 57％为厨房。调查发现，有近 20％的家庭平均相对湿度低于 25％，这些住户普遍患有呼吸系统及消化系统等疾病，并在冬季起床时均出现较为严重的鼻子和喉咙的干燥感。对室内相对湿度较高的住户调查发现，室内出现异味现象较为明显。

调查发现，当哈尔滨市室外平均温度为 −18.2℃时，各功能房间的室内平均温度都超过了 22℃；而齐齐哈尔市当室外平均温度为 −4.5℃时，各功能房间室内平均温度均接近或超过 21℃，比供暖室内设计温度偏高 2～3℃。相比之下，哈尔滨市的室内相对湿度均在 30% 以下，其中卧室的室内平均相对湿度为 26%，齐齐哈尔市除卫生间外其他功能空间的相对湿度也都低于 35%。

（5）不论是南方地区的上海市还是北方地区的哈尔滨市和齐齐哈尔市，室内 CO_2 和 PM2.5 都是目前影响居住室内环境质量的主要因素，尤其是夜间 CO_2 浓度持续偏高，最大值可达 4500ppm 以上，存在着长期暴露健康风险。PM2.5 浓度偏高大多是因为炊事和吸烟所引起。

（6）通过研究，笔者团队通过大样本问卷调查和入户实测调查所获得的数据确立我国居住建筑室内健康环境表征参数主要为空气温度、相对湿度、CO_2、PM2.5、噪声和照度。依据综述研究所获得的剂量效应和健康风险的关系，构建环境关联健康影响主客观评价模型。

附录 A　中国城乡居民居住环境关联健康状况的调查

2012 年中国城乡居民居住环境关联健康状况的调查

随着我国经济的快速发展，人们对于自身的健康问题已经越来越重视，以前被人们所长期忽略的环境（室内环境和室外环境）与人类健康的关系也开始受到关注，而住宅作为最靠近人的环境是度过人生大部分的地方，住宅环境的好坏直接关系到人们的健康状况和生活质量。

本调查是国家"十二五"科技支撑计划课题——"室内健康环境表征参数及评价方法研究"的重要内容，通过对全国城乡居民居住建筑环境关联健康状况的实测调查，有助于对健康环境影响因素的提炼，为制定国家的居住建筑健康环境评价标准提供客观的参考数据。因此，真实、客观地填写调查问卷，是我们每一位居住者应尽的社会责任，非常感谢您的大力支持。

请先填写以下基本信息

性别：＿＿＿ 年龄：＿＿＿ 身高：＿＿＿ 体重：＿＿＿ 所在城市：＿＿＿市 填写日期：＿＿＿

教育程度：□高中及以下　□本科　□硕士　□博士及以上　职业：＿＿＿＿＿＿＿

过去的三个月主要居住在：□与父母居住在家里　□学校宿舍　□租房　□商品房

一、建筑及其周边环境

1. 建筑所处位置	□居民区　□商业区　□工业区　□农业区　□其他（　）
2. 过往车辆的密度	□上下班高峰和平时车辆均会出现堵车； □仅上下班高峰期会堵车，但平时不堵车； □上下班高峰和平时均不堵车,但夜间无车辆
3. 建筑附近是否存在以下设施	□污染的水源　□垃圾厂　□高污染工厂 □喧杂的街道　□商业区　□无明显污染源 （如选择污染水源和高污染工厂,请在此尽量注明工厂类别或污染物名称＿＿＿＿＿＿＿）
4. 小区周围绿化、水体	□大面积草坪、树木　□少量草坪、树木 □城市水体　□小区水体　□几乎没有
5. 建筑类型	□别墅　□低层(1～3层)　□多层(4～6层)　□中高层(7～9层) □高层(10～30层)　□其他（　）
6. 住宅所在的楼层数 　　主要房间(主卧、客厅)朝向	层数：＿＿＿＿＿ □东　□西　□南　□北　□其他（　）

7. 您大概估计建筑面积	□≤40m² □41～60m² □61～75m² □76～100m² □101～150m² □≥150m²
8. 您大概估计该建筑建设年代： 竣工时间：_____年； 装修时间：_____年； 入住时间：_____年。	□1980年之前 □1980～1990年 □1991～2000年 □2001～2005年 □2006年至今
9. 主要功能房间地板（客厅、卧室）地板装修材料	□实木地板 □强化木地板 □竹地板 □瓷砖 □水泥地板 □塑料地板 □化纤地毯 □纯毛地毯 □麻毛地毯 □不知道
10. 门的材料是	□实木 □人造板 □塑钢 □铝合金 □不清楚 □其他材质（ ）
11. 窗户形式是什么？ 窗框的种类是什么？	□单层窗、双层窗（单框双玻璃 双框双玻璃） □多层窗（单框四玻璃 双框四玻璃）□其他 □木制 □铝合金 □塑钢 □其他（ ）
12. 内墙表面涂料是什么？	□水性涂料 □有机溶剂型涂料 □不清楚 □其他涂料（ ）
13. 是否吊顶 吊顶材料是什么？	□全部吊顶 □局部吊顶 □未作吊顶
14. 以下哪些房间有换气口	□厨房 □卧室 □卫生间 □其他
15. 新购家具主要是哪些材质（可多选）	□实木喷漆 □人造板 □石材 □板木结合 □其他
16. 住宅内用于夏季降温的装置有什么？	□空调 □电风扇 □其他（ ）
17. 住宅内用于冬季供暖的装置有什么？	□空调 □地板供暖 □散热器 □电热膜 □电暖气 □其他（ ）
18. 房间内是否加湿？	□是 □否 ，"是"的话，采用下列哪种加湿形式： □利用加湿器 □其他_____
19. 主要换气方式是什么？	□自然通风（开门窗等） □机械通风（空调、排风扇） □混合通风（自然、机械均采用）
20. 家中是否经常使用下列设备？	□复印机 □传真机 □打印机 □其他（ ）

二、居住者生活习惯

21. 一天中有几个小时在家里 上班族 其他	平时约____小时；节假日约____小时 平时约____小时；节假日约____小时
22. 一般多长时间进行一次全面室内卫生的打扫？ 清扫用具是什么？	□2次及更多/天 □1次/天 □1次/2-3天 □1次/4-7天 □1次/大于一周 □除尘器 □拖把 □扫帚 □清洁剂□其他
23. 垃圾的处理频次	□2次及更多/天 □1次/天 □1次/2-3天 □1次/4-7天 □1次/大于一周
24. 是否使用杀虫剂？ 杀虫剂类型	□使用（室内 室外 ） □不使用 经常使用 偶尔使用 □除虫 □灭蟑 □杀鼠 □其他（ ）

续表

25. 是否在居室内使用以下所列产品？	□空气清新剂 □香水、固发剂 □蚊香(夏季)
26. 养了什么宠物	□狗 □猫 □鸟 □其他动物 □无
27. 在室内放置了盆栽植物吗？	□有 □无
28. 你家做饭吗？	□做(每天:□经常 □一般 □偶尔) □不做
29. 厨房排烟设备的效果如何？	□无排烟设备 □很好,厨房里几乎没油烟 □一般,厨房里有一点油烟 □差,厨房很多油烟
30. 您家这套房屋当中有几人会在家中吸烟？ 在室内吸烟的所有成员,每天大概在家的吸烟量合计为多少根？	□0 人 □1 人 □2 人 □3 人及以上 ( )
31. 空调多久清洁一次？	□换季开始使用时 □几年一次 □从没
32. 采用哪些措施改善室内空气质量(可多选)？	□空气净化设备/净化剂 □空气清新剂 □除湿机 □植物 □加强通风 □紫外线消毒 □煮食醋等
33. 卧室客厅等门窗空调季每天开多长时间	□≥3 小时 □一小时左右 □很少开
34. 在家时是否开窗	□经常 □根据需要 □很少
35. 家中空调温湿度设定值	夏季:温度 □≤26℃ □26－28℃ □>28℃ 冬季:温度 □≤18℃ □18－23℃ □>23℃
36. 如何晾晒衣服？	□阳台自然风干 □洗衣机烘干 □洗衣店处理 □其他
37. 淋浴或洗澡时,窗户或排气扇是否打开？	□是,始终 □是,有时 □否,不开放
38. 您每天大概有多长时间使用电脑	□≥6 小时 □3－6 小时 □≤3 小时 □从不上网
39. 枕巾、床单等多长时间换洗一次	□每周一次 □每半个月至少 1 次 □每月小于 1 次
40. 您是否在晴天时晾晒衣物、被子	□经常 □一般 □偶尔 □没晒过

三、室内环境

41. 一般情况下,您对室温的总体满意度是	□舒适 □一般 □不舒适 □很不舒适 □不能忍受
42. 一般情况下,您认为夏季住宅内的热感觉	□冷 □凉 □有点凉 □适中 □有点暖 □暖 □热
43. 夏季会感觉到冷风没有作用而感到炎热吗？	□经常有 □偶尔有 □不常有 □没有
44. 一般情况下,您认为冬季住宅内的热感觉	□冷 □凉 □有点凉 □适中 □有点暖 □暖 □热
45. 冬季有时候会感觉暖气没有作用而感到寒冷吗？	□经常有 □偶尔有 □不常有 □没有
46. 各房间之间是否感觉有温差？	□有(何处:) □无
47. 一般情况下,你对室内湿度的感觉是	□非常潮湿 □潮湿 □适中 □干燥 □非常干燥
48. 夏季或梅雨季节的时候会因为感到潮湿而睡不着的时候吗？	□经常有 □偶尔有 □不常有 □没有

续表

49. 窗户有结露现象的房间有哪些？	□客厅　□主卧　□次卧　□儿童卧室　□浴室　□独立卫生间 □洗衣房　□厨房　□走廊
50. 您对您的住宅厨房、卫生间的空气质量是否满意？	□是　□否
51. 您觉得您最受不了室内的哪些方面（可多选）	□憋闷　□烟味　□异味　□潮湿
52. 从室外刚回到家中时，通常情况下会感觉室内	□无异味　□轻微异味　□较强的异味　□强烈异味 □无法忍受的异味
53. 房间内是否经常会出现以下异味	□油烟味　□下水道臭水味　□烟草燃烧味　□发霉味道 □刺激性气温
54. 您家的主要房间每天照射到阳光的时间：	□1 小时以下　□1－2 小时　□2－4 小时　□4 小时以上
55. 夜里会因为周围太亮而睡不着吗？	□经常有　□偶尔有　□不常有　□没有
56. 您的住宅是否长期存在噪音干扰的问题？	□是,且已经影响夜间睡眠　□是,但没有影响夜间睡眠　□否
57. 噪声来源	□交通噪声　□施工噪声　□楼宇给排水系统噪声　□邻居噪声 □其他
58. 您是否了解大气中 PM2.5 颗粒物对健康的危害？生活中是否采取措施进行改善？	□不知道　□只是知道　□一般了解　□非常了解 □已经采取改善措施　□未采取改善措施
59. 室内是否会经常出现老鼠或所列昆虫	□老鼠　□蟑螂　□苍蝇　□蚊子　□蚂蚁　□跳蚤　□臭虫 □以上都无

四、家庭成员健康状况

60. 您或您的家人近年来患病情况(如果是多选病症问题,请在患病人群后的括号内填写相应病症的字母。)
　　①心脑血管类疾病:a. 高血压　b. 冠心病　c. 脑血管意外(脑梗塞、脑出血)　d. 心梗　e. 心绞痛
　　　　　　　　　□儿童(　)　□青少年(　)　□成年(　)　□老年(　)
　　②呼吸道类疾病：a. 咽炎　b. 肺炎　c. 鼻炎、过敏性鼻炎　d. 哮喘　e. 上呼吸道感染
　　　　　　　　　□儿童(　)　□青少年(　)　□成年(　)　□老年(　)
　　③消化道疾病　a. 胃痛　b. 腹泻　c. 便秘　d. 肝炎　e. 胆囊炎
　　　　　　　　　□儿童(　)　□青少年(　)　□成年(　)　□老年(　)
　　④风湿类疾病：a. 风湿性关节炎　b. 类风湿性关节炎　c. 痛风病　d. 产后风湿
　　　　　　　　　□儿童(　)　□青少年(　)　□成年(　)　□老年(　)
　　⑤皮肤病:a. 湿疹　b. 痤疮　c. 手足癣、体癣　d. 皮炎
　　　　　　　　　□儿童(　)　□青少年(　)　□成年(　)　□老年(　)
　　⑥癌症:□儿童　□青少年　□成年　□老年
　　⑦代谢障碍类疾病:a. 糖尿病　b. 肥胖　c. 高血脂　d. 甲亢
　　　　　　　　　□儿童(　)　□青少年(　)　□成年(　)　□老年(　)

续表

61. 病态建筑综合症:
A. 过敏性疾病复发次数： □经常 □偶尔 □很少 □从不
B. 您在房间中,是否有下列感觉:
①头痛头晕,眼涩眼胀痒,眼角流泪,咽干咽喉肿痛 □经常 □偶尔 □很少 □从不
②免疫力下降导致感冒发烧症状 □经常 □偶尔 □很少 □从不
③心慌,胸闷气短 □经常 □偶尔 □很少 □从不
④精神不振,嗜睡,失眠多梦 □经常 □偶尔 □很少 □从不
⑤恶心反胃,食欲不振 □经常 □偶尔 □很少 □从不
⑥嗓子不舒服,有异物感 □经常 □偶尔 □很少 □从不
C. 上述症状不同季节差异明显吗 □很明显 □明显 □一般 □差别不大
D. 上述症状在离开住宅后有明显改善吗 □很明显 □明显 □一般 □差别不大
E. 有使上述症状减轻的房间吗 □有 哪个房间____ □无
F. 当开窗换气时,症状有改善吗 □明显 □稍微 □没感觉
G. 出现症状的时间带 □早上 □上午 □下午 □晚上 □全天 □回家后

62. 出现题61B的症状时,您采取哪些措施改善(可多选)	□远离宠物 □更换床上用品 □改换地毯 □禁止室内吸烟 □喷空气净化剂 □其他
63. 您最想改善室内环境的哪些方面(可多选)	□通风 □温湿度 □异味 □潮湿 □霉菌 □过敏原
64. 您最希望检查哪个房间的空气品质	□客厅 □卧室

五、儿童健康状况（如家中现有或曾有儿童居住，请填写下面部分）

65. 孩子是否曾出现过呼吸困难,发出像哮鸣一样的声音(可多选)	□是,<1岁时 □是,1—2岁时 □是,3—4岁时 □是,>4岁时 □否
66. 近12个月里,孩子是否有过呼吸困难,发出像哮鸣一样的声音发作(可多选)	□感冒的时候 □锻炼身体时 □玩耍或室外运动时 □笑或哭时 □与动物接触时 □否
67. 近12个月里,孩子是否有夜晚干咳超过两周的现象	□是 □否
68. 孩子是否被医生诊断出患有哮喘	□是 □否
69. 孩子是否患过哮吼(呼吸困难及伴有嘶哑的金属音的咳嗽)	□是 □否
70. 你的孩子是否患过肺炎	□是 □否
71. 过去任何时候,孩子在没有感冒或流感的情况下是否曾有打喷嚏、鼻塞问题(可多选)	□是,1岁以前 □是,1—2岁 □是,3—4岁 □是,4岁以后 □否
72. 最近12个月,您的孩子没有感冒或患流感情况下是否有打喷嚏、鼻塞问题	□是 □否
73. 最近12个月,孩子与动物接触之后,是否打喷嚏、流鼻涕、鼻塞和眼睛刺痛流泪问题	□是 □否
74a. 最近12个月,孩子与植物,花粉接触之后,是否打喷嚏、鼻塞和眼睛刺痛流泪问题	□是 □否

74b. 最近 12 个月中哪几个月孩子与植物，花粉接触之后，有打喷嚏、流鼻涕、鼻塞和眼睛刺痛流泪问题	□1 月　□2 月　□3 月　□4 月　□5 月　□6 月 □7 月　□8 月　□9 月　□10 月　□11 月　□12 月
75. 孩子是否被诊断出患有花粉症或过敏性鼻炎	□是　□否
76. 最近 12 个月，孩子感冒过几次	□<3 次　□3—5 次　□6—10 次　□>10 次
77. 孩子一次感冒通常持续多久	□<2 周　□2—4 周　□>4 周
78. 您的孩子是否患过耳炎	□是，1—2 次　□是，3—5 次　□是，>5 次　□否
79a. 是否有 6 个月以上皮肤瘙痒（湿疹）	□是，1 岁以前　□是，1—2 岁 □是，3—4 岁　□是，4 岁以后　□否
79b. 皮肤瘙痒是否困扰肘关节，膝关节，踝关节，臀部，耳朵或眼睛	□是　□否
79c. 最近十二个月，孩子是否患过湿疹	□是　□否
79d. 最近十二个月，孩子是否因为患湿疹而夜晚无法入睡	□从未　□每周不到一次　□每周一次或更多
80. 是否有过食物引起的湿疹，荨麻疹，腹泻，嘴唇或眼睛肿胀等过敏症状（可多选）	□是，鸡蛋　□是，海产品类　□是，肉类 □是，蔬菜　□是，面粉　□是，豆类 □是，水果　□是，牛奶或奶制品　□是，坚果（花生核桃等） □是，其他食物　□否　□不知道
81. 孩子是否接受过抗生素治疗，如青霉素等	□是，0—12 个月时　□是，12—24 个月时 □是，比 24 个月大时　□否，从未
82. 如果孩子在 0—12 个月时接受过抗生素治疗，那么共接受过几次	□0 次　□1 次　□2 次　□≥3 次

　　基于本次问卷调查的结果，课题组将针对出现较大问题的住宅进行室内健康环境的重点调查，进一步明确居住环境与健康的主要关联影响因素。在不影响您和家人正常生活的前提下，测试温湿度和室内空气污染物等参数，根据测试结果，对您家所出现的健康问题给予建筑环境和医学的专家分析，并将分析结果反馈给您。所有测试结果将仅限于科学研究，请问您是否愿意配合调查呢？如果愿意配合，请您留下联系方式，谢谢！

　　　　　　　　　　　　　□愿意配合　　　　　　□难以配合

非常感谢您的大力协作，让我们携起手来为建设健康家园做贡献！

附录 B　2014 年公众健康状况大样本调查

1. 回答者个人属性

1	性别	□男性　□女性	出生年月	年　月	出生地	省　　市	
	共同居住者	（　）人	籍贯	省　市	最终学历		
	在现居地居住年数	□不到一年　□2～5 年　□5～10 年　□10～20 年　□20 年以上					
2	平日平均在家时间（包括睡眠）	□不到 6 小时　□6～9 小时　□9～12 小时　□12～15 小时　□15～18 小时　□18～21 小时　□21 小时以上					
3	抽烟习惯	□吸烟　□不吸烟　□其他					
4	饮酒习惯	□几乎每天　□每周 1～3 次　□每月 1～2 次　□不饮酒					

2. 住宅

(1)起居室、客厅					
1	您在夏天经常关着门窗，也不开空调或电风扇生活吗？	□经常有	□偶尔有	□很少有	□没有
2	您在夏天常因降温措施无效感到热吗？	□经常有	□偶尔有	□很少有	□没有
3	您在冬天常因采暖无效感到冷吗？	□经常有	□偶尔有	□很少有	□没有
4	即便关着门窗，您也常感觉到室内外的声音或振动吗？	□经常有	□偶尔有	□很少有	□没有
5	您晚上常因照明不足感到暗吗？	□经常有	□偶尔有	□很少有	□没有
6	您常闻到异味吗？	□经常有	□偶尔有	□很少有	□没有
7	您常因地板很滑感到害怕吗？	□经常有	□偶尔有	□很少有	□没有
(2)卧室					
1	夏天，您经常热得睡不着吗？	□经常有	□偶尔有	□很少有	□没有
2	在夏天或梅雨季节，您常因潮湿而睡不着吗？	□经常有	□偶尔有	□很少有	□没有
3	夏天，您经常关着门窗，不开空调或电风扇睡觉吗？	□经常有	□偶尔有	□很少有	□没有
4	冬天，您经常冷得睡不着吗？	□经常有	□偶尔有	□很少有	□没有
5	冬天起床时，您常感到鼻子和喉咙干燥吗？	□经常有	□偶尔有	□很少有	□没有
6	即便关着门窗，您也常因听到室内外声音、振动而睡不着吗？	□经常有	□偶尔有	□很少有	□没有
7	晚上，您常因周围太亮而睡不着吗？	□经常有	□偶尔有	□很少有	□没有
(3)厨房					
1	做饭时，常发生水汽和气味排不出去的现象吗？	□经常有	□偶尔有	□很少有	□没有
2	灶台周围容易发霉吗？	□经常有	□偶尔有	□很少有	□没有
3	自来水常发出令人讨厌的气味吗？	□经常有	□偶尔有	□很少有	□没有
4	因太窄、太高等原因，您常呈勉强的姿态吗？	□经常有	□偶尔有	□很少有	□没有
5	您常感到有烫伤的危险吗？	□经常有	□偶尔有	□很少有	□没有
(4)浴室、更衣室、洗漱间					
1	冬天更衣时，您感觉冷吗？	□经常有	□偶尔有	□很少有	□没有
2	冬天洗浴时，您感觉冷吗？	□经常有	□偶尔有	□很少有	□没有
3	你发现有发霉的现象吗？	□经常有	□偶尔有	□很少有	□没有

4	您常闻到有讨厌的味道吗？	□经常有　□偶尔有　□很少有　□没有
5	您常感觉会有因台阶摔倒的危险吗？	□经常有　□偶尔有　□很少有　□没有
6	您常感觉浴室的地板滑吗？	□经常有　□偶尔有　□很少有　□没有
7	您进出浴缸时容易失去平衡吗？（采用浴缸洗浴室回答）	□经常有　□偶尔有　□很少有　□没有
(5)厕所		
1	冬天,您感觉冷吗？	□经常有　□偶尔有　□很少有　□没有
2	您常闻到令人讨厌的气味吗？	□经常有　□偶尔有　□很少有　□没有
3	因太窄、太高等原因,你常呈勉强的姿态吗？	□经常有　□偶尔有　□很少有　□没有
(6)玄关(外门入口处)		
1	您常感觉会有因台阶摔倒的危险吗？	□经常有　□偶尔有　□很少有　□没有
2	脱鞋时,您容易失去平衡吗？	□经常有　□偶尔有　□很少有　□没有
3	即使开着灯,您仍然感觉脚下暗吗？	□经常有　□偶尔有　□很少有　□没有

3. 健康状况

1	最近您的总体健康状况如何？	□健康　□一般　□差　□很差
2	最近您因身体原因有影响您日常活动能力(走路、上下楼)吗？	□明显有　□有　□稍有一点　□没有
3	最近您因身体原因会妨碍您的日常工作（包括家务）吗？	□安全无妨碍　□有些妨碍　□相当不便　□其他
4	最近您身体有疼痛感？	□完全不痛　□轻微疼痛　□很痛　□其他
5	最近您的精神状态如何？	□非常好　□好　□不太好　其他
6	最近您因身体和心理状态影响您与亲友的正常交往吗？	□没有影响　□有一点影响　□有影响　□有很大影响
7	最近您心烦吗？	□不烦　□有点烦　□烦　□很烦
8	您对现在的工作满意吗？	□满意　□一般　□不满意　□很不满意
9	您对经济状况满意吗？	□满意　□一般　□不满意　□很不满意
10	您对现在的生活满意吗？	□满意　□一般　□不满意　□很不满意
11	您近一年经常感冒吗？	□经常有　□偶尔有　□很少有　□没有
	您近一年经常关节疼吗？	□经常有　□偶尔有　□很少有　□没有
	您近一年经常颈椎或肩痛吗？	□经常有　□偶尔有　□很少有　□没有
	您近一年经常腰痛吗？	□经常有　□偶尔有　□很少有　□没有
	您近一年经常便秘吗？	□经常有　□偶尔有　□很少有　□没有
	您近一年经常大便不成形吗？	□经常有　□偶尔有　□很少有　□没有
	您近一年经常食欲不佳吗？	□经常有　□偶尔有　□很少有　□没有
	您经常会身上痒或皮肤过敏吗？	□经常有　□偶尔有　□很少有　□没有
	您在哪个季节最容易生病？	□春　□夏　□秋　□冬
12	在这一年里，接受过治疗、检查或仍然患病的，请做出选择。 (可以多项选择)	□恶性肿瘤　□骨质疏松　□过敏性鼻炎 □支气管炎　□神经衰弱　□呼吸系统疾病 □消化系统疾病　□心脏血管系统疾病 □免疫系统疾病　□精神类疾病　□骨伤类疾病 □需要看护　□因交通事故摔倒　□虫牙、牙周炎　□其他
13	一年里虽然接受过治疗检查,是否痊愈？	□是　□没有

附录C 2014 住宅环境关联健康影响调查问卷
（实测调查用）

1. 基本属性

1	居住地	_____省_____市_____区/县
	最终学历	□高中及以下 □大专、大学本科 □研究生以上 □其他
	性别	□男性 □女性
	共同居住者	□1 人 □2～3 人 □4～5 人 □6 人以上
	年龄分段	□18 岁以下 □18 岁～40 岁 □41～65 岁 □66 岁以上
	在现居地居住年数	□2 年以内 □2～5 年 □5～10 年 □10 年以上
2	平日平均在家时间(包括睡眠)	□6 小时内 □7～12 小时 □13～18 小时 □19 小时以上
3	住宅形式	□普通平层 □复式 □其他
4	住宅构造	□砖混 □钢结构 □钢筋混凝土 □其他
5	住宅建筑面积	□40m² 以下 □41～80m² □81～120m² □120m² 以上
6	住宅竣工时间	□2 年以内 □2～5 年 □5 年以上 □不清楚
7	抽烟习惯	□几乎每天 □每周 1～4 次 □每月 1～2 次 □不吸烟

2. 住宅

(1)起居室、客厅		
1	您在夏天经常关着门窗,也不开空调或电风扇生活吗?	□经常有 □偶尔有 □很少有 □没有
2	您在夏天常因降温措施无效感到热吗?	□经常有 □偶尔有 □很少有 □没有
3	您在冬天常因供暖无效感到冷吗?	□经常有 □偶尔有 □很少有 □没有
4	即便关着门窗,您也常感觉到室内外的声音或振动吗?	□经常有 □偶尔有 □很少有 □没有
5	您晚上常因照明不足感到暗吗?	□经常有 □偶尔有 □很少有 □没有
6	您常闻到异味吗?	□经常有 □偶尔有 □很少有 □没有
7	您常因地板很滑感到害怕吗?	□经常有 □偶尔有 □很少有 □没有
(2)卧室		
1	夏天,您经常热得睡不着吗?	□经常有 □偶尔有 □很少有 □没有
2	夏天,您经常关着门窗,不开空调或电风扇睡觉吗?	□经常有 □偶尔有 □很少有 □没有
3	冬天,您经常冷得睡不着吗?	□经常有 □偶尔有 □很少有 □没有
4	冬天起床时,您常感到鼻子和喉咙干燥吗?	□经常有 □偶尔有 □很少有 □没有
5	即便关着门窗,您也常因听到室内外声音、振动而睡不着吗?	□经常有 □偶尔有 □很少有 □没有
6	晚上,您常因周围太亮而睡不着吗?	□经常有 □偶尔有 □很少有 □没有
(3)厨房		
1	做饭时,发生水汽和气味排不出去的现象吗?	□经常有 □偶尔有 □很少有 □没有
2	灶台周围容易发霉吗?	□经常有 □偶尔有 □很少有 □没有
3	自来水发出令人讨厌的气味吗?	□经常有 □偶尔有 □很少有 □没有
4	因太窄、太高等原因,您常呈勉强的姿态吗?	□经常有 □偶尔有 □很少有 □没有

续表

5	您感到有烫伤的危险吗？	□经常有　□偶尔有　□很少有　□没有
(4)浴室、更衣室、洗漱间		
1	冬天更衣时，您感觉冷吗？	□经常有　□偶尔有　□很少有　□没有
2	冬天洗浴时，您感觉冷吗？	□经常有　□偶尔有　□很少有　□没有
3	你发现有发霉的现象吗？	□经常有　□偶尔有　□很少有　□没有
4	您闻到有讨厌的味道吗？	□经常有　□偶尔有　□很少有　□没有
5	您感觉浴室的地板滑吗？	□经常有　□偶尔有　□很少有　□没有
(5)厕所		
1	冬天，您感觉冷吗？	□经常有　□偶尔有　□很少有　□没有
2	您常闻到令人讨厌的气味吗？	□经常有　□偶尔有　□很少有　□没有
3	因空间太窄等原因，您常呈勉强的姿态吗？	□经常有　□偶尔有　□很少有　□没有
(6)走廊、楼梯、收藏间(壁橱等)		
1	在收藏室或储藏柜，您常闻到发霉或化学物质的味道吗？	□经常有　□偶尔有　□很少有　□没有
2	您家中生虫吗？	□经常有　□偶尔有　□很少有　□没有

3. 健康状况

1	总体看，过去一个月您的健康状况如何？	□健康　□一般　□差　□其它
2	过去一个月，进行日常活动（走路、上下楼等）时，您因身体的原因有什么妨碍吗？	□完全无妨碍　□有些妨碍　□相当不便　□其他
3	过去一个月，日常工作（包括家务）时，您因身体的原因有什么妨碍吗？	□完全无妨碍　□有些妨碍　□相当不便　□其他
4	过去一个月，您有怎样的身体疼痛感？	□完全不痛　□轻微疼痛　□很痛　□其他
5	过去一个月，您精神状态还好吗？	□非常好　□好　□不太好　□其他
6	您对现在的生活满意吗？	□满意　□一般　□差　□其他或者不清楚
7	您认为自己的健康状况如何？	□健康　□一般　□差　□其他或者不清楚
8	您近一年经常感冒吗？	□经常有　□偶尔有　□很少有　□没有
	您近一年经常关节疼吗？	□经常有　□偶尔有　□很少有　□没有
	您近一年经常肩痛吗？	□经常有　□偶尔有　□很少有　□没有
	您近一年经常腰痛吗？	□经常有　□偶尔有　□很少有　□没有
	您近一年经常便秘吗？	□经常有　□偶尔有　□很少有　□没有
	您近一年经常大便不成形吗？	□经常有　□偶尔有　□很少有　□没有
	您近一年经常食欲不佳吗？	□经常有　□偶尔有　□很少有　□没有
	您经常会身上痒或过敏吗？	□经常有　□偶尔有　□很少有　□没有
	您在哪个季节最容易生病？	□春　□夏　□秋　□冬
9	在这一年里，接受过治疗、检查或仍然患病的，请做出选择。（可以多项选择）	□恶性肿瘤　□骨质疏松　□过敏性鼻炎　□支气管炎　□神经衰弱　□呼吸系统疾病　□消化系统疾病　□心脑血管系统疾病　□免疫系统疾病　□精神类疾病　□骨伤类疾病　□需要看护　□因交通事故摔倒　□虫牙、牙周炎　□其他
	一年里虽然接受过治疗检查，是否痊愈？	□是　□没有

附录 D 入户实测调查测试条件基本信息记录表

住户编号：	测试日期：		测试组：		天气：	
第一部分:仪器测试部分						
		(1)温湿度测试				
测试起始时间：	功能房间	起居室	卧室	厨房	卫生间	
	是否正常运行					
		(2)CO$_2$测试				
测试起始时间：	功能房间	起居室	卧室	厨房	卫生间(暂)	
	是否正常运行					
		(3)PM2.5测试				
测试起始时间：	功能房间	起居室	卧室	厨房		
	IP 地址					
		(4)甲醛测试(起居室)				
测试起始时间：	样本编号					
		(5)TVOC测试				
大气压值：	功能房间	起居室		卧室		
	测试时间					
	空气温度					
	相对湿度					
		(6)照度测试				
日间测试时间						
起居室						
卧室						
厨房						
卫生间						
		(7)照片拍摄				
整体建筑及周边环境□	各房间室内布局□		仪器测点布置位置□		测试人员工作照□	
		(8)空气流速				
厨房						
卫生间						

续表

(9)卧室背景噪音测试

	测试时间	L_{eqT}	L_{max}	L_{min}		测试时间	L_{eqT}	L_{max}	L_{min}
1					13				
2					14				
3					15				
4					16				
5					17				
6					18				
7					19				
8					20				
9					21				
10					22				
11					23				
12					24				

第二部分：户型物理信息

标注尺寸、朝向信息

建筑围护结构材料		起居室窗户尺寸	
室内供暖方式		卧室1窗户尺寸	
外窗结构形式		卧室2窗户尺寸	
		厨房窗户尺寸	
		卫生间窗户尺寸	

第三部分:测试环境信息		
起居室		详细信息
1. 供暖方式	□散热器　□地板辐射	
2. 室内是否有盆栽?	□有　□无	
3. 测试期间室内是否有抽烟行为?	□有　□无	
4. 测试期间是否有开窗行为?	□有　□无	
5. 窗户朝向	□东　□西　□南　□北	
6. 窗户类型	□落地窗□常规窗	
卧室		详细信息
1. 供暖方式	□散热器□地板辐射	
2. 测试期间室内是否有人员居住?	□有　□无	
3. 测试期间室内是否有抽烟行为?	□有　□无	
4. 测试期间是否有开窗行为?	□有　□无	
5. 窗户朝向	□东　□西　□南　□北	
6. 窗户类型	□落地窗□常规窗	
7. 室内是否有盆栽?	□有　□无	
厨房		详细信息
1. 是否有供暖?	□有　□无	
2. 测试期间是否有烹饪活动?	□有　□无	
3. 测试期间是否开窗?	□有　□无	
4. 墙壁是否有霉菌?	□有　□无	
5. 窗户朝向	□东　□西　□南　□北	
卫生间		详细信息
1. 是否有供暖?	□有　□无	
2. 测试期间是否有洗澡活动?	□有　□无	
3. 是否有外窗?	□有　□无	
4. 墙壁是否有霉菌?	□有　□无	
室内人员着装情况		

附录 E 地域/住宅环境关联健康影响调查问卷

编号：_____

地域/住宅环境关联健康影响调查问卷

随着我国经济的快速发展，人们对于自身的健康问题已经越来越重视，以前被人们所长期忽视的环境（室内环境和室外环境）与人类健康的关系也开始受到关注，而住宅作为最靠近人的环境，是度过大部分人生的地方，住宅环境的好坏直接关系到人们的健康状况和生活质量。

本调查是国家"十二五"科技支撑计划课题——"室内健康环境表征参数及评价方法研究"的重要内容，通过对全国城乡居民居住环境关联健康状况的问卷调查，有助于对健康环境影响因素的提炼，为制定国家居住建筑健康环境评价标准提供客观的参考数据。因此，真实、客观地填写调查问卷，是我们每一位居住者应尽的社会责任。

本调查仅用于科研目的，非常感谢您的大力支持。

室内健康环境表征参数及评价方法研究课题组
2013 年 11 月

1. 回答者个人属性

	居住地	_____省_____市_____区/县
1	最终学历	□高中及以下　□大专、大学本科　□研究生以上　□其他
	性别	□男性　□女性
	共同居住者	□1 人　□2～3 人　□4～5 人　□6 人以上
	年龄分段	□18 岁以下　□18 岁～40 岁　□41～65 岁　□66 岁以上
	在现居地居住年数	□2 年以内　□2～5 年　□5～10 年　□10 年以上
2	平日平均在家时间(包括睡眠)	□6 小时内　□7～12 小时　□13～18 小时　□19 小时以上
3	住宅形式	□普通平层　□错层　□复式　□其他
4	住宅构造	□砖混　□钢结构　□钢筋混凝土　□其他
5	住宅建筑面积	□40m² 以下　□41～80m²　□81～120m²　□120m² 以上
6	住宅竣工时间	□2 年以内　□2～5 年　□5 年以上　□不清楚
7	抽烟习惯	□几乎每天　□每周 1～4 次　□每月 1～2 次　□不吸烟
8	自己饮酒习惯	□几乎每天　□每周 1～4 次　□每月 1～2 次　□不吸烟

2. 地域环境

(1)自然、室外环境	
1　您常因夏季室外的高温酷暑烦恼吗?	□经常有　□偶尔有　□很少有　□没有
2　您常因冬季室外的寒冷烦恼吗?	□经常有　□偶尔有　□很少有　□没有

3	您常因室外的恶臭烦恼吗？	□经常有　□偶尔有　□很少有　□没有
4	您常因室外的噪声、振动烦恼吗？	□经常有　□偶尔有　□很少有　□没有
5	您常感觉室外空气被污染了吗？	□经常有　□偶尔有　□很少有　□没有
6	您常对室外放射性污染感觉不安吗？	□经常有　□偶尔有　□很少有　□没有
7	您在住宅周边，常感觉绿地少吗？	□经常有　□偶尔有　□很少有　□没有
8	您在住宅周边，常感觉水域（池塘、河流等）污染了吗？	□经常有　□偶尔有　□很少有　□没有

（2）住区发展原则

1	您住区内的自来水常有讨厌的气味或味道吗？	□经常有　□偶尔有　□很少有　□没有
2	您常感觉住宅小区垃圾场很脏吗？	□经常有　□偶尔有　□很少有　□没有
3	您在户外或公共设施内，常闻到香烟味吗？（除自己或同居者吸烟的场合）	□经常有　□偶尔有　□很少有　□没有
4	在住区内，有建筑密集的场所吗？	□有很多　□有部分　□很少有　□没有

（3）安全、防灾

1	您常对地域治安感觉不安吗？	□经常有　□偶尔有　□很少有　□没有
2	如果您遇到灾难，会因担心逃生路线、急救设施、防灾物质储备不完备等感觉不安吗？	□经常有　□偶尔有　□很少有　□没有

（4）交通、出行手段

1	您曾在户外险些摔倒或绊倒吗？	□经常有　□偶尔有　□很少有　□没有
2	您在住区内，曾险遭交通事故吗？	□经常有　□偶尔有　□很少有　□没有
3	在住区内，有因陡的楼梯、陡坡、狭窄、车多等原因形成通行困难的道路吗？	□经常有　□偶尔有　□很少有　□没有
4	在住区内，有没考虑残疾人的场所或设施吗？	□有很多　□有部分　□很少有　□没有
5	您常乘坐公共汽车吗？	□每日　□每周几次　□每月几次　□没有

（5）生活服务设施

1	您常利用运动设施（运动场、体育馆等）吗？	□每日　□每周几次　□每月几次　□没有
2	您常利用文化设施（图书馆、美术馆、博物馆）吗？	□每日　□每周几次　□每月几次　□没有
3	您常利用商业设施（超市、商店、便利店等）吗？	□每日　□每周几次　□每月几次　□没有
4	您常利用娱乐设施（游乐场、电影院等）吗？	□每日　□每周几次　□每月几次　□没有
5	您常利用公园、广场吗？	□每日　□每周几次　□每月几次　□没有

（6）交往、关系网

1	您感觉人是可以信赖的吗？	□大多数人　□少数人　□没有人
2	您与邻居经常交往吗？	□生活上互相帮助　□站着说话　□仅打招呼 □完全不交往
3	您在住所附近与多少人认识、交流？	□20人以上　□5～19人　□4人以下 □什么人都不认识

(7)医疗、福利设施					
1	您常利用医疗设施(医院、药店、康复中心等)吗？	□每周几次	□每月几次	□每年几次	□没有
2	您常利用育儿援助设施(幼儿园、保育院等)吗？	□每周几次	□每月几次	□每年几次	□没有
3	您常利用老年人福利设施(老人看护中心)吗？	□每周几次	□每月几次	□每年几次	□没有
4	您常利用残疾人福利设施(康复中心、残疾人中心等)吗？	□每周几次	□每月几次	□每年几次	□没有

3. 住宅

(1)起居室、客厅					
1	您在夏天经常关着门窗,也不开空调或电风扇生活吗？	□经常有	□偶尔有	□很少有	□没有
2	您在夏天常因降温措施无效感到热吗？	□经常有	□偶尔有	□很少有	□没有
3	您在冬天常因供暖无效感到冷吗？	□经常有	□偶尔有	□很少有	□没有
4	即便关着门窗,您也常感觉到室内外的声音或振动吗？	□经常有	□偶尔有	□很少有	□没有
5	您晚上常因照明不足感到暗吗？	□经常有	□偶尔有	□很少有	□没有
6	您常闻到异味吗？	□经常有	□偶尔有	□很少有	□没有
7	您常因地板很滑感到害怕吗？	□经常有	□偶尔有	□很少有	□没有
(2)卧室					
1	夏天,您经常热得睡不着吗？	□经常有	□偶尔有	□很少有	□没有
2	在夏天或梅雨季节,您常因潮湿而睡不着吗？	□经常有	□偶尔有	□很少有	□没有
3	夏天,您经常关着门窗,不开空调或电风扇睡觉吗？	□经常有	□偶尔有	□很少有	□没有
4	冬天,您经常冷得睡不着吗？	□经常有	□偶尔有	□很少有	□没有
5	冬天起床时,您常感到鼻子和喉咙干燥吗？	□经常有	□偶尔有	□很少有	□没有
6	即便关着门窗,您也常因听到室内外声音、振动而睡不着吗？	□经常有	□偶尔有	□很少有	□没有
7	晚上,您常因周围太亮而睡不着吗？	□经常有	□偶尔有	□很少有	□没有
(3)厨房					
1	做饭中,常发生水汽和气味排不出去的现象吗？	□经常有	□偶尔有	□很少有	□没有
2	灶台周围容易发霉吗？	□经常有	□偶尔有	□很少有	□没有
3	自来水常发出令人讨厌的气味吗？	□经常有	□偶尔有	□很少有	□没有
4	因太窄、太高等原因,您常呈勉强的姿态吗？	□经常有	□偶尔有	□很少有	□没有
5	您常感到有烫伤的危险吗？	□经常有	□偶尔有	□很少有	□没有
(4)浴室、更衣室、洗漱间					
1	冬天更衣时,您感觉冷吗？	□经常有	□偶尔有	□很少有	□没有
2	冬天洗浴时,您感觉冷吗？	□经常有	□偶尔有	□很少有	□没有
3	你发现有发霉的现象吗？	□经常有	□偶尔有	□很少有	□没有
4	您常闻到有讨厌的味道吗？	□经常有	□偶尔有	□很少有	□没有
5	您常感觉会有因台阶摔倒的危险吗？	□经常有	□偶尔有	□很少有	□没有
6	您常感觉浴室的地板滑吗？	□经常有	□偶尔有	□很少有	□没有
7	您进出浴缸时容易失去平衡吗？（采用浴缸洗浴时回答）	□经常有	□偶尔有	□很少有	□没有

(5)厕所		
1	冬天,您感觉冷吗?	□经常有　□偶尔有　□很少有　□没有
2	您常闻到令人讨厌的气味吗?	□经常有　□偶尔有　□很少有　□没有
3	因太窄、太高等原因,您常呈勉强的姿态吗?	□经常有　□偶尔有　□很少有　□没有
(6)玄关(外门入口处)		
1	您常感觉会有因台阶摔倒的危险吗?	□经常有　□偶尔有　□很少有　□没有
2	脱鞋时,您容易失去平衡吗?	□经常有　□偶尔有　□很少有　□没有
3	即便开着灯,您仍感到脚下暗吗?	□经常有　□偶尔有　□很少有　□没有
(7)走廊、楼梯、收藏间(壁橱等)		
1	冬天,您出房间时感到冷吗?	□经常有　□偶尔有　□很少有　□没有
2	进出房间时,您常因台阶绊倒吗?	□经常有　□偶尔有　□很少有　□没有
3	走动时,即便开着灯,您脚下仍感到暗吗?	□经常有　□偶尔有　□很少有　□没有
4	走动时,您感到滑吗?	□经常有　□偶尔有　□很少有　□没有
5	你常感到因台阶太陡,而存在危险吗?	□经常有　□偶尔有　□很少有　□没有
6	在收藏室或储藏柜,您常闻到发霉或化学物质的味道吗?	□经常有　□偶尔有　□很少有　□没有
7	您家中生虫吗?	□经常有　□偶尔有　□很少有　□没有
(8)周边环境		
1	在房屋周围,您常滑倒或绊倒吗?	□经常有　□偶尔有　□很少有　□没有
2	开关门窗时,您常感到危险吗?	□经常有　□偶尔有　□很少有　□没有
3	您常担心防盗安全吗?	□经常有　□偶尔有　□很少有　□没有
4	在家中,您常感觉受到室外窥探吗?	□经常有　□偶尔有　□很少有　□没有
5	您常感到露台或阳台地板滑吗?	□经常有　□偶尔有　□很少有　□没有

4. 健康状况

1	总体看,过去一个月您的健康状况如何?	□健康　□一般　□差　□其他
2	过去一个月,进行日常活动(走路、上下楼等)时,您因身体的原因有什么妨碍吗?	□完全无妨碍　□有些妨碍　□相当不便　□其他
3	过去一个月,日常工作(包括家务)时,您因身体的原因有什么妨碍吗?	□完全无妨碍　□有些妨碍　□相当不便　□其他
4	过去一个月,您有怎样的身体疼痛感?	□完全不痛　□轻微疼痛　□很痛　□其他
5	过去一个月,您精神状态还好吗?	□非常好　□好　□不太好　□其他
6	过去一个月,您与亲友正常交往时,因身体或心理原因有什么妨碍吗?	□完全无妨碍　□有些妨碍　□相当不便　□其他
7	过去一个月里,您因心理问题(感到不安、情绪低落、烦躁)有什么烦恼吗?	□完全无烦恼　□有些烦恼　□很烦恼　□其他
8	您对现在的工作满意吗?	□满意　□一般　□差　□其他或者不清楚
9	您对经济状况满意吗?	□满意　□一般　□差　□其他或者不清楚
10	您对现在的生活满意吗?	□满意　□一般　□差　□其他或者不清楚

11	您认为自己的健康状况如何？	☐健康 ☐一般 ☐差 ☐其他或者不清楚
12	您近一年经常感冒吗？	☐经常有 ☐偶尔有 ☐很少有 ☐没有
	您近一年经常关节疼吗？	☐经常有 ☐偶尔有 ☐很少有 ☐没有
	您近一年经常肩痛吗？	☐经常有 ☐偶尔有 ☐很少有 ☐没有
	您近一年经常腰痛吗？	☐经常有 ☐偶尔有 ☐很少有 ☐没有
	您近一年在公共设施或路边跌倒过(住宅以外)吗？	☐经常有 ☐偶尔有 ☐很少有 ☐没有
13	在这一年里，接受过治疗、检查或仍然患病的，请做出选择。（可以多项选择）	☐恶性肿瘤 ☐骨质疏松 ☐过敏性鼻炎 ☐支气管炎 ☐需要看护 ☐因交通事故摔倒 ☐虫牙、牙周炎 ☐其他
	一年里虽然接受过治疗检查,是否痊愈？	☐是 ☐没有

附录F 地域/住宅环境关联健康影响调查问卷（评价模型用）

编号：_____

地域/住宅增进健康影响因素调查问卷

随着我国经济的快速发展，人们对于自身的健康问题已经越来越重视，以前被人们所长期忽视的环境（室内环境和室外环境）与人类健康的关系也开始受到关注，而住宅作为最靠近人的环境是度过大部分人生的地方，住宅环境的好坏直接关系到人们的健康状况和生活质量。本调查是国家"十二五"科技支撑计划课题——"室内健康环境表征参数及评价方法研究"的重要内容，通过对全国城乡居民居住环境关联健康状况的问卷调查，有助于对健康环境影响因素的提炼，为制定国家居住建筑健康环境评价标准提供客观的参考数据。因此，真实地填写调查问卷，是我们每一位居住者应尽的社会责任。本调查仅用于科研目的，非常感谢您的大力支持。

回答者个人属性

1	性别	□男性　□女性
	年龄分段	□18岁以下　□18岁～40岁　□41～65岁　□66岁以上
	居住地	_____省_____市_____区/县
	最终学历	□高中及以下　□大专、大学本科　□研究生以上　□其他
	共同居住者	□1人　□2～3人　□4～5人　□6人以上
	在现居地居住年数	□2年以内　2～5年　□5～10年　□10年以上
2	平日平均在家时间（包括睡眠）	□不到6小时　□6～9小时　□9～12小时　□12～15小时　□15～18小时 □18～21小时　□21小时以上
3	住宅形式	□别墅　共____层　□多层　共____层、您住____层
4	住宅构造	□砖混　□钢结构　□钢筋混凝土　□其他（　）　□不知道
5	住宅建筑面积	□29m²以下　□30～49m²　□50～69m²　□70～99m²　□100～149m² □150m²以上　□不知道
6	住宅竣工时间	□不到1年　□1～2年　□2～5年　□5～10年　□10～20年 □20年以上

1. 社区环境

1	1-1 在住宅周边,您常感觉水域(池塘、河流、海等)被污染了吗? □经常有　□偶尔有　□没有 1-2 您觉得住宅周围有良好的水域环境对健康重要吗? □非常重要　□比较重要　□一般　□不太重要　□完全不重要 1-3 您对住宅周围的水域环境满意程度打多少分? □100 分　□80 分　□60 分　□40 分　□20 分　□0 分 1-4 您常因室外的噪声、振动烦恼吗? □经常有　□偶尔有　□没有 1-5 您觉得住宅周围有良好的声环境对健康重要吗? □非常重要　□比较重要　□一般　□不太重要　□完全不重要 1-6 您对住宅周围的声环境满意程度打多少分? □100 分　□80 分　□60 分　□40 分　□20 分　□0 分 1-7 在住宅周边,绿地少吗? □不少　□少　□没有 1-8 您觉得居住环境中绿地对健康重要吗? □非常重要　□比较重要　□一般　□不太重要　□完全不重要 1-9 您对居住环境绿地满意程度打多少分? □100 分　□80 分　□60 分　□40 分　□20 分　□0 分 1-10 您常因室外的恶臭烦恼吗? □经常有　□偶尔有　□没有 1-11 您觉得室外空气品质(如空气是否被污染)对健康重要吗? □非常重要　□比较重要　□一般　□不太重要　□完全不重要 1-12 您对住宅室外空气品质满意程度打多少分? □100 分　□80 分　□60 分　□40 分　□20 分　□0 分
2	2-1 您常利用医疗设施(医院、药店、康复中心等)吗? □每日　□每周几次　□每月几次　□每年几次　□没有 2-2 您觉得社区周围是否有医疗设施对健康重要吗? □非常重要　□比较重要　□一般　□不太重要　□完全不重要 2-3 您对社区医疗设施的满意程度打多少分? □100 分　□80 分　□60 分　□40 分　□20 分　□0 分 2-4 您常利用公共交通设施吗? □每日　□每周几次　□每月几次　□每年几次　□没有 2-5 您觉得公共交通设施对健康重要吗? □非常重要　□比较重要　□一般　□不太重要　□完全不重要 2-6 您对公共交通设施的满意程度打多少分? □100 分　□80 分　□60 分　□40 分　□20 分　□0 分
3	3-1 您常利用运动设施(运动场、体育馆等)吗? □每日　□每周几次　□每月几次　□每年几次　□没有 3-2 您觉得社区周围是否有运动设施对健康重要吗? □非常重要　□比较重要　□一般　□不太重要　□完全不重要 3-3 您对社区运动设施的满意程度打多少分? □100 分　□80 分　□60 分　□40 分　□20 分　□0 分 3-4 您常利用文化设施(图书馆、美术馆、博物馆)吗? □每日　□每周几次　□每月几次　□每年几次　□没有 3-5 您觉得社区周围是否有文化设施对健康重要吗? □非常重要　□比较重要　□一般　□不太重要　□完全不重要 3-6 您对社区文化设施的满意程度打多少分? □100 分　□80 分　□60 分　□40 分　□20 分　□0 分

4	4-1 您常对地域治安感觉不安吗？ □经常有　□偶尔有　□没有 4-2 您觉得社区具有良好的治安重要吗？ □非常重要　□比较重要　□一般　□不太重要　□完全不重要 4-3 您对社区治安的满意程度打多少分？ □100 分　□80 分　□60 分　□40 分　□20 分　□0 分 4-4 您遇到灾难时，会因担心逃生路、急救设施、防灾物质储备等不完备而感到不安吗？ □经常有　□偶尔有　□没有 4-5 您觉得社区是否有逃生、急救、防灾设施重要吗？ □非常重要　□比较重要　□一般　□不太重要　□完全不重要 4-6 您对社区的逃生、急救、防灾设施的满意程度打多少分？ □100 分　□80 分　□60 分　□40 分　□20 分　□0 分
5	5-1 在社区内，有没考虑残疾人的场所或设施吗？ □有很多　□有部分　□几乎没有　□没有 5-2 您觉得社区为残疾人设置无障碍设施（为便于老人、残障人士日常活动考虑的特殊设计）重要吗？ □非常重要　□比较重要　□一般　□不太重要　□完全不重要 5-3 您对社区无障碍设施满意程度打多少分？ □100 分　□80 分　□60 分　□40 分　□20 分　□0 分 5-4 在社区内，有建筑密集的场所吗？ □有很多　□有部分　□几乎没有　□没有 5-5 您觉得社区密集程度对您的健康重要吗？ □非常重要　□比较重要　□一般　□不太重要　□完全不重要 5-6 您对社区密集程度的满意程度打多少分？ □100 分　□80 分　□60 分　□40 分　□20 分　□0 分 5-7 您所居住的社区景观多吗？ □有很多　□有部分　□几乎没有　□没有 5-8 您觉得社区良好的景观对健康重要吗？ □非常重要　□比较重要　□一般　□不太重要　□完全不重要 5-9 您对社区景观的满意程度打多少分？ □100 分　□80 分　□60 分　□40 分　□20 分　□0 分
6	6-1 在住所附近，您大约与多少人认识、交流？ □很多人（20 人以上）　□一些人（5～19 人）　□人数很少（4 人以下）　□什么人都不认识 6-2 您觉得与邻居有交流对健康重要吗？ □非常重要　□比较重要　□一般　□不太重要　□完全不重要 6-3 您对社区住户交流的满意程度打多少分？ □100 分　□80 分　□60 分　□40 分　□20 分　□0 分 6-4 您参加社区举行的活动吗？ □经常参加　□偶尔参加　□很少参加　□没有参加过　□没听说过有活动 6-5 您觉得社区经常开展活动对健康重要吗？ □非常重要　□比较重要　□一般　□不太重要　□完全不重要 6-6 您对社区活动的满意程度打多少分？ □100 分　□80 分　□60 分　□40 分　□20 分　□0 分

2. 住宅

1	1-1 您觉得室内空气品质（如空气是否被污染）重要吗？ □非常重要　□比较重要　□一般　□不太重要　□完全不重要 1-2 您对住宅室内空气品质满意程度是多少？ □100 分　□80 分　□60 分　□40 分　□20 分　□0 分

2	2-1 您觉得居室内采光环境重要吗？ □非常重要 □比较重要 □一般 □不太重要 □完全不重要 2-2 您对住宅室内采光环境满意程度打多少分？ □100分 □80分 □60分 □40分 □20分 □0分
3	3-1 您觉得室内的声环境(有无噪音,是否安静等)重要吗？ □非常重要 □比较重要 □一般 □不太重要 □完全不重要 3-2 您对室内声环境满意程度打多少分？ □100分 □80分 □60分 □40分 □20分 □0分
4	4-1 您觉得室内经常通风重要吗？ □非常重要 □比较重要 □一般 □不太重要 □完全不重要 4-2 您对住宅室内通风状况的满意程度打多少分？ □100分 □80分 □60分 □40分 □20分 □0分
5	5-1 您觉得夏季室内热湿环境(潮湿或干燥)重要吗？ □非常重要 □比较重要 □一般 □不太重要 □完全不重要 5-2 您对住宅夏季室内热湿环境的满意程度打多少分？ □100分 □80分 □60分 □40分 □20分 □0分
6	6-1 您觉得冬季室内热湿环境(冷、潮湿或干燥)重要吗？ □非常重要 □比较重要 □一般 □不太重要 □完全不重要 6-2 您对住宅冬季室内热湿环境的满意程度打多少分？ □100分 □80分 □60分 □40分 □20分 □0分
7	7-1 您觉得居住环境中无障碍设计(为便于老人、残障人士日常活动考虑的特殊设计)重要吗？ □非常重要 □比较重要 □一般 □不太重要 □完全不重要 7-2 您对住宅无障碍设计的满意程度打多少分？ □100分 □80分 □60分 □40分 □20分 □0分

3. 健康状况

1	身高：＿＿＿＿cm　　体重：＿＿＿＿kg
2	2-1 您认为饮食营养结构合理吗？ □非常合理 □合理 □一般 □不合理 2-2 您感觉您的体力(或精力)与年龄相符合吗？ □非常符合 □符合 □一般 □不符合 2-3 您感觉有身体疼痛的部位吗？(可多选) □头 □肩 □后背 □腰 □其他 □没有
3	3-1 您平时有运动的习惯吗？. □良好的运动习惯 □经常运动的习惯 □偶尔运动的习惯 □无运动习惯 3-2 您有出于健康的考虑而进行运动的习惯吗？ □良好的运动习惯 □经常运动的习惯 □偶尔运动的习惯 □无运动习惯
4	您有在住宅内绊倒或者滑倒过？ □经常有 □偶尔有 □没有
5	您是否参加社区或地域活动？ □经常参加 □偶尔参加 □想参加但未参加 □未参加 □未听说过有活动

6	您的睡眠质量怎么样？ □非常好　□良好　□一般　□差
7	您是否常感觉到有压力？ □经常有　□偶尔有　□没有
8	您是否常感觉有成就感和充实感？ □经常有　□偶尔有　□没有
9	9-1 您对工作感觉满足吗？ 　□非常满足　□比较满足　□不太满足　□不满足 9-2 您对生活感觉满足吗？ 　□非常满足　□比较满足　□不太满足　□不满足 9-3 您对经济状况感觉满足吗？ 　□非常满足　□比较满足　□不太满足　□不满足 9-4 您认为自己的身体健康吗？ 　□非常健康　□健康　□不太健康　□不健康
10	10-1 您是否有正在治疗中的疾病？ 　□有　□无 10-2 如果有，是否有治疗中的过敏症状？ 　□有　□无
11	您经常感冒吗？ □经常　□偶尔　□没有
12	您进行定期的身体健康检查吗？ □每年至少一次　□偶尔进行　□没进行过
13	您认为体检结果能使身体状况有所改善吗？ □有改善　□无改善
14	您每天刷牙的次数是多少？ □4 次及以上　□3 次　□2 次　□1 次
15	15-1 您吸烟吗？ 　□烟瘾很重　□经常吸　□偶尔吸　□不吸烟 15-2 共同居住的人中有吸烟者吗？ 　□有　□没有 15-3 您饮酒吗？ 　□从不饮酒　□每周 1～2 次　□每周 3～4 次　□每天都饮酒　□其他

附录G 实测调查对象基本信息汇总表

测试编号	人员结构	住宅面积(m²)	入住年份	测试编号	人员结构	住宅面积(m²)	入住年份
黑龙江省齐齐哈尔市							
QQ-01	三成人	120	1997	QQ-06	两成人一老人	178	2012
QQ-02	两成人	157	2003	QQ-07	两老人一成人	119	1997
QQ-03	一成人	78	2002	QQ-08	两成人一儿童	85	2005
QQ-04	两成人一儿童	157	2005	QQ-09	两成人	147	2012
QQ-05	两成人	210	2012				
黑龙江省哈尔滨市							
HR-01	三成人	101	2012	HR-11	两成人一儿童	83	2012
HR-02	两成人	109	2014	HR-12	一老人两成人	83	2008
HR-03	三成人	75	1997	HR-13	两老人一成人	57	2001
HR-04	两成人一儿童	90	2004	HR-14	两成人一儿童	57	2012
HR-05	两成人	50	2002	HR-15	两成人	99	2003
HR-06	三成人	45	1978	HR-16	两成人两儿童	76	2007
HR-07	三成人	136	2011	HR-17	两成人一儿童	85	2010
HR-08	三成人	108	2005	HR-18	三成人	120	2006
HR-09	两成人两儿童	197	2006	HR-19	两老人两成人一儿童	88	2010
HR-10	三成人	80	1996				
吉林省长春市							
CC-01	三成人	88	2003	CC-12	两成人一儿童	98	2005
CC-02	三成人一老人	70	1986	CC-13	两成人两成人一儿童	91	2006
CC-03	两老人	54	1983	CC-14	一老人两成人两儿童	120	2003
CC-04	两老人一儿童	60	1983	CC-15	两成人一儿童	91	2012
CC-05	一老人	70	1987	CC-16	两成人一儿童	128	2003
CC-06	三成人	70	1987	CC-17	一老人两成人一儿童	140	2004
CC-07	两成人一老人	70	1988	CC-18	两成人一儿童	120	1999
CC-08	两成人一儿童	66	1988	CC-19	两成人一儿童	162	2003
CC-09	两成人	70	1992	CC-20	两成人一儿童一老人	78	2003
CC-10	三成人一儿童	78	1993	CC-21	两成人一儿童	79	2002
CC-11	两成人一儿童	76	1996	CC-22	两成人	86	2010
辽宁省沈阳市							
SY-01	三成人	121	2005	SY-06	三成人	143	2007
SY-02	三成人	148	2004	SY-07	三成人	114	2008
SY-03	两成人	114	2005	SY-08	两老人	114	2007
SY-04	两成人一儿童	109	2011	SY-09	两老人两成人一儿童	132	2007
SY-05	三成人	134	2011	SY-10	三成人两老人	260	2010

测试编号	人员结构	住宅面积（m²）	入住年份	测试编号	人员结构	住宅面积（m²）	入住年份
SY-11	两成人一儿童	85	2008	SY-16	三成人两老人	165	2004
SY-12	两成人一儿童	64	2001	SY-17	两成人	173	2000
SY-13	两成人一儿童	98	2012	SY-18	三成人两老人	180	2004
SY-14	两老人	86	1998	SY-19	两成人一儿童	54	2004
SY-15	两老人	67	2004				
辽宁省锦州市							
JZ-01	一成人	72	1996	JZ-06	两成人一儿童	65	2000
JZ-02	两老人	78	1991	JZ-07	两成人一儿童	130	2011
JZ-03	两成人一老人一儿童	150	2011	JZ-08	两老人	62	1986
JZ-04	两成人一儿童	85	2000	JZ-09	两成人一儿童	63	1998
JZ-05	两成人一老人	134	1999				
辽宁省鞍山市							
AS-01	两成人一儿童	127	2006	AS-03	两成人一儿童	180	2000
AS-02	两成人	120	2004				
陕西省西安市							
XA-01	两成人	98	2010	XA-09	两成人一儿童	66	2005
XA-02	三成人	126	2010	XA-10	一成人	95	2009
XA-03	两成人	120	2010	XA-11	两成人	122	2013
XA-04	两成人	102	2012	XA-12	两成人	128	2009
XA-05	两成人	100	2004	XA-13	两成人	120	2011
XA-06	两成人两儿童	108	2008	XA-14	两成人	125	2009
XA-07	三成人	125	2008	XA-15	三成人	105	2011
XA-08	两成人一儿童	122	2010				
重庆市							
CQ-01	四成人	110	2010	CQ-18	两成人	118	2000
CQ-02	两成人一儿童	102	2007	CQ-19	两成人	73	2009
CQ-03	一成人	96	2008	CQ-20	三成人	71	2009
CQ-04	两成人一儿童	68	2010	CQ-21	三成人一儿童	135	2006
CQ-05	三成人一儿童	72	2006	CQ-22	五成人一儿童	121	1985
CQ-06	三成人一儿童	108	2008	CQ-23	五成人两儿童	139	2005
CQ-07	三成人一儿童	104	2010	CQ-24	三成人两儿童	125	2001
CQ-08	三成人一儿童	110	2008	CQ-25	三成人一儿童	146	2005
CQ-09	三成人一儿童	108	2006	CQ-26	三成人一儿童	223	2000
CQ-10	两成人一儿童	128	2012	CQ-27	三成人两儿童	110	2011
CQ-11	三成人一儿童	125	2000	CQ-28	三成人一儿童	85	2014
CQ-12	三成人一儿童	135	2014	CQ-29	一成人	144	2010
CQ-13	两成人一儿童	110	2004	CQ-30	三成人	144	2013
CQ-14	两成人一儿童	83	2004	CQ-31	两成人	184	2009
CQ-15	一成人两儿童	83	2002	CQ-32	两成人一儿童	73	2009
CQ-16	两成人一儿童	90	2010	CQ-33	两成人	130	2004
CQ-17	三成人两儿童	128	2007	CQ-34	四成人一儿童	135	2012

续表

测试编号	人员结构	住宅面积(m²)	入住年份	测试编号	人员结构	住宅面积(m²)	入住年份
CQ-35	四成人一儿童	150	2003	CQ-54	三成人	130	2012
CQ-36	四成人一儿童	105	2003	CQ-55	三成人	92	2003
CQ-37	两成人	138	2004	CQ-56	三成人	120	2003
CQ-38	两成人一儿童	110	2012	CQ-57	四成人一儿童	160	2006
CQ-39	三成人	87	2014	CQ-58	四成人	136	2004
CQ-40	一成人	50	2011	CQ-59	三成人一儿童	139	2000
CQ-41	四成人一儿童	158	2003	CQ-60	两成人一儿童	139	2007
CQ-42	两成人一儿童	153	2002	CQ-61	一成人	68	2007
CQ-43	一成人	84	2008	CQ-62	三成人两儿童	118	2011
CQ-44	两成人一儿童	104	2003	CQ-63	一成人	102	2013
CQ-45	两成人	82	2006	CQ-64	两成人一儿童	106	2011
CQ-46	四成人	128	2004	CQ-65	一成人	96	2013
CQ-47	两成人	135	2005	CQ-66			
CQ-48	三成人一儿童	100	2009	CQ-67			
CQ-49	两成人	97	2009	CQ-68			
CQ-50	三成人	158	2011	CQ-69			
CQ-51	三成人	87	1998	CQ-70			
CQ-52	三成人一儿童	180	2006	CQ-71			
CQ-53	两成人	130	2003				
贵州省贵阳市							
GY-01	三成人	120	2004	GY-06	两成人	100	2012
GY-02	一成人	122	2008	GY-07	三成人	62	2008
GY-03	两成人	125	2007	GY-08	三成人一儿童	105	1999
GY-04	两成人一儿童	120	2008	GY-09	两成人一儿童	98	2008
GY-05	一成人	102	2009	GY-10	四成人	103	2008
四川省成都市							
CD-01	三成人	105	2009	CD-04	两成人一儿童	104	2009
CD-02	两成人	124	2009	CD-05	三成人一儿童	130	2007
CD-03	两成人	60	2008				